建设工程施工进度控制

常继峰 著

中国纺织出版社有限公司

内 容 提 要

　　施工进度的控制与投资控制、质量控制一样，是工程项目施工过程中的重点控制因素。施工进度控制是对工程建设项目建设阶段的工作程序和持续时间进行规划、实施、检查、调查等一系列活动。

　　本书紧紧围绕建设工程施工进度控制展开，共包括 5 章，分别为施工组织设计概述、流水施工原理、网络计划技术、工程项目进度控制和工程案例分析。本书为理论＋案例的模式，在理论分析的基础上，用案例生动说明理论的应用过程，值得工程施工的研究者、实践者参考使用。

图书在版编目（CIP）数据

　　建设工程施工进度控制／常继峰著．--北京：中国纺织出版社有限公司，2022.12
　　ISBN 978-7-5229-0195-4

　　Ⅰ.①建… Ⅱ.①常… Ⅲ.①建设工程-施工进度计划 Ⅳ.①TU722

　　中国版本图书馆 CIP 数据核字（2022）第 254510 号

责任编辑：赵晓红　　责任校对：高　涵　　责任印制：储志伟

中国纺织出版社有限公司出版发行
地址：北京市朝阳区百子湾东里 A407 号楼　邮政编码：100124
销售电话：010—67004422　传真：010—87155801
http://www.c-textilep.com
中国纺织出版社天猫旗舰店
官方微博 http://weibo.com/2119887771
三河市宏盛印务有限公司印刷　　各地新华书店经销
2022 年 12 月第 1 版第 1 次印刷
开本：787×1092　1/16　印张：13.75
字数：290 千字　定价：88.00 元

前　言

　　"时间就是金钱，进度就是效益"。施工进度的控制与投资控制、质量控制一样，是工程项目施工过程中的重点控制要素。然而现阶段各施工企业、各项目部在项目管理过程中，施工进度失控现象时有发生，因此就要求相关工程技术人员掌握进度控制的管理技术，为工程项目建设顺利进行创造有利条件，最终实现高质量、低成本和短工期的工程目标。

　　施工项目的进度计划是针对建筑工程施工阶段工作内容、施工程序、持续时间和衔接关系，根据工程总进度计划、项目总工期目标及可利用资源的优化配置等原则编制好的计划。施工进度控制是对工程建设项目建设阶段的工作程序和持续时间进行规划、实施、检查、调查等一系列活动。在施工阶段做好施工进度控制，能达到增收节支的目的，有利于尽快提高投资效益，有利于维持良好的施工秩序，有利于提高企业的经济效益，施工进度控制贯穿项目施工准备阶段、施工阶段，一直到竣工结算阶段的全过程。工程施工企业在工程建设中实行施工进度控制是企业生存和发展的基础和核心，它直接关系到施工企业效益的好坏。因此，项目进度控制管理是项目的灵魂，必须加强项目进度控制管理。

常继峰

2022 年 9 月

目　录

第一章　施工组织设计概述

第一节　施工准备工作

一、施工准备工作分类

(一)按准备工作范围划分

1. 全场性施工准备

它是以一个建设项目为对象而进行的各项施工准备，其目的和内容都是为全场性施工服务的。它不仅要为全场性的施工活动创造有利条件，而且要兼顾单项工程施工条件的准备。

2. 单项(位)工程施工条件准备

它是以一个建筑物或构筑物为对象而进行的施工准备，其目的和内容都是为该单项(位)工程服务的。它既要为单项(位)工程做好开工前的一切准备，又要为其分部(项)工程施工进行作业条件的准备。

3. 分部(项)工程作业条件准备

它是以一个分部(项)工程或冬季、雨季施工为对象而进行的作业条件准备。

(二)按工程所处施工阶段划分

1. 开工前的施工准备工作

它是在拟建工程正式开工前所进行的一切施工准备，目的是为工程正式开工创造必要的施工条件。它既包括全场性的施工准备，又包括单项工程施工条件的准备。

2. 开工后的施工准备工作

它是在拟建工程开工后，每个施工阶段正式开始之前所进行的施工准备。例如，混合结构住宅的施工，通常分为地下工程、主体结构工程和装饰工程等施工阶段，每个阶段的施工内容不同，其所需的物资技术条件、组织要求和现场布置等方面也不同。因此，必须做好相应的施工准备。

二、施工准备工作内容

(一)技术准备

1. 认真做好扩大初步设计方案的审查工作

任务确定以后，应提前与设计单位沟通，掌握扩大初步设计方案的编制情况，使方案的设计，在质量、功能、工艺技术等方面均能适应建材、建工的发展水平，为施工扫除障碍。

2. 熟悉和审查施工图纸

(1)审查施工图纸是否完整和齐全，施工图纸是否符合国家有关工程设计和施工的方针及政策。

(2)审查施工图纸与其说明书在内容上是否一致，施工图纸及各组成部分间有无矛盾和错误。

(3)审查建筑图与其相关的结构图，在尺寸、坐标、标高和说明是否一致，技术要求是否明确。

(4)熟悉工业项目的生产工艺流程和技术要求，掌握配套投产的先后次序和相互关系；审查设备安装图纸与其相配套的土建图纸，在坐标和标高尺寸上是否一致，土建施工的质量标准能否满足设备安装的工艺要求。

(5)审查基础设计或地基处理方案与建造地点的工程地质和水文地质条件是否一致，弄清建筑物与地下构筑物、管线间的相互关系。

(6)掌握拟建工程的建筑和结构的形式和特点，以及需要采取哪些新技术；复核主要承重结构或构件的强度、刚度和稳定性能否满足施工要求；对于工程复杂、施工难度大和技术要求高的分部(项)工程，要审查现有施工技术和管理水平能否满足工程质量和工期要求；建筑设备及加工定货有何特殊要求等。

熟悉和审查施工图纸主要是为编制施工(组织设计)提供各项依据，通常按图纸自审、会审和现场签证三个阶段进行。图纸自审由施工企业主持，并写出图纸自审记录；图纸会审由建设单位主持，设计单位和施工企业共同参加，形成"图纸会审纪要"，由建设单位正式行文，三方共同会签并加盖公章，作为指导施工和工程结算的依据；图纸现场签证是在工程施工中，遵循技术核定和设计变更签证制度，对所发现的问题进行现场签证，作为指导施工、竣工验收和结算的依据。

3. 原始资料调查分析

(1)自然条件调查分析：包括建设地区的气象、建设场地的地形、工程地质和水文地质、施工现场地上和地下障碍物状况、周围民宅的坚固程度及居民的健康状况等项调查；为编制施工现场的"四通一平"计划提供依据，如地上建筑物的拆除、高压输电线路的搬迁、地下构筑物的拆除和各种管线的搬迁等项工作；为减少施工公害，如打桩工程应在打桩前，对居民的危房和居民中的心脏病患者，采取保护性措施。自然条件调查用表，如表1-1所示。

表1-1 气象、地形、地质和水文调查内容表

项目	调查内容	调查目的
气温	(1)年平均温度，最高、最低、最冷、最热的逐月平均温度。结冰期，解冻期 (2)冬、夏季室外计算温度 (3)小于或等于−3℃、0℃、+5℃的天数、起止时间	(1)防暑降温 (2)冬季施工 (3)混凝土、灰浆强度增长

项目	调查内容	调查目的
降雨	(1)雨季起止时间 (2)全年降水量，昼夜最大降水量 (3)年雷暴天数	(1)雨季施工 (2)工地排水、防洪 (3)防雷
风	(1)主导风向及频率 (2)大于或等于8级风的全年天数，时间	(1)布置临时设施 (2)高空作业及吊装措施
地形	(1)区域地形图 (2)厂址地形图 (3)该区的城市规划 (4)控制桩、水准点的位置	(1)选择施工用地 (2)布置施工总平面图 (3)现场平整土方量计算 (4)障碍物及数量
地震	烈度大小	(1)对地基影响 (2)施工措施
地质	(1)钻孔布置图 (2)地质剖面图(土层特征及厚度) (3)地质的稳定性、滑坡、流沙、冲沟 (4)物理力学指标：天然含水率，天然孔隙比，塑性指数，压缩试验 (5)最大冻结深度 (6)地基土强度结论 (7)地基土破坏情况，土坑、枯井、古墓、地下构筑物	(1)土方施工方法的选择 (2)地基处理方法 (3)基础施工 (4)障碍物拆除计划 (5)复核地基基础设计
地下水	(1)最高、最低水位及时间 (2)流向、流速及流量 (3)水质分析 (4)抽水试验	(1)土方施工 (2)基础施工方案的选择 (3)降低地下水位 (4)侵蚀性质及施工注意事项
地面水	(1)临近的江河湖泊及距离 (2)洪水、平水及枯水时期 (3)流量、水位及航道深 (4)水质分析	(1)临时给水 (2)航运组织 (3)水工工程

资料来源：当地气象台(站)，设计的原始资料如地质勘察报告、地形测量图等。

(2)技术经济条件调查分析：包括地方建筑生产企业、地方资源、交通运输、水电及其他能源、主要设备、国拨材料和特种物资，以及它们的生产能力等项调查。技术经济条件调查用表，如表1-2~表1-7所示。

表 1-2　地方建筑生产企业情况调查内容表

企业及产品名称	规格	单位	生产能力	供应能力	生产方式	出厂价格	运距	运输方式	单位价格	备注

　　注：企业名称按构件厂、木工厂、商品混凝土厂、门窗厂、设备、脚手、模板租赁厂、金属结构厂、采料厂、砖、瓦、灰厂等填列，这一调查可向当地计划、经济或主管建筑企业机关进行。

表 1-3　地方资源情况调查内容表

材料（或资源）名称	产地	埋藏量	质量	开采量	开采费	出厂价	运距	运费	备注

　　注：材料名称按块石、碎石、砾石、砂、工业废料（冶金矿渣、炉渣、电站粉煤灰等）填列。

表 1-4　交通运输条件调查内容表

项目	内容
铁路	(1)邻近铁路专用线、车站至工地距离，运输条件 (2)车站起重能力，卸货线长度，现场存储能力 (3)装载货物的最大尺寸 (4)运费、装卸费和装卸力量
公路	(1)各种材料至工地的公路等级、路面构造、路宽及完好情况，允许最大载重量 (2)途经桥涵等级，允许最大载重量 (3)当地专业运输机构及附近农村能提供的运输能力(t·km数)。汽车、人、畜力车数量、效率 (4)运费、装卸费和装卸力量 (5)有无汽车修配厂，至工地距离，道路情况，能提供的修配能力
航运	(1)货源与工地至邻近河流、码头、渡口的距离，道路情况 (2)洪水、平水、枯水期，通航最大船只及吨位，船只情况 (3)码头装卸能力，最大起重量，增设码头的可能性 (4)渡口、渡船能力，同时可载汽车数，马车数，每日次数，能为施工提供的能力 (5)每吨货物运价，装卸费和渡口费

表1-5　水、电源和其他动力条件调查内容表

项目	内容
给排水	(1)与当地现有水源连接的可能性,可供水量,接管地点,管径、材料、埋深、水压、水质、水费至工地距离,地形地物情况 (2)自选临时江河水源,至工地距离,地形地物情况,水量,取水方式,水质及处理 (3)自选临时水井水源的位置、深度、管径和出水量 (4)利用永久排水设施的可能,施工排水去向、距离和坡度,洪水,现有防洪设施
供电与电信	(1)电源位置,供电的可能性,方向,接线地点至工地的距离,地形地物情况。允许供电容量、电压、导线截面、电费 (2)建设和施工企业自有发电设备的规格型号、台数、能力 (3)利用邻近电信设备的可能性,电话、电报局至工地距离,可能增设电话、计算机等自动化办公设备和线路情况
蒸汽等	(1)有无蒸汽来源,可供蒸汽量,管径、埋深、至工地距离,地形地物,蒸汽价格 (2)建设和施工企业自有锅炉设备规格型号、台数和能力,所需燃料,用水水质 (3)当地和建设单位的压缩空气、氧气的提供能力,至工地距离

表1-6　主要设备、材料和特殊物资调查内容表

项目	内容
设备	(1)主要工艺设备名称及来源,含进口设备 (2)分批到货和全部到货时间
三大材料	(1)钢材分配的规格、型号、数量和到货时间 (2)木材分配的品种、等级、数量和到货时间 (3)水泥分配的品种、强度等级、数量和到货时间
特殊材料	(1)需要的品种、规格和数量 (2)进口材料和新材料

表1-7　参加施工的各单位(含分包)生产能力情况调查内容表

项目	内容
工人	(1)总人数,分工种人数 (2)定额完成情况 (3)一专多能情况
管理人员	(1)管理人员数,所占比例 (2)其中干部、技术人员、服务人员和其他人员数

项目	内容
施工机械	(1)名称、型号、能力、数量、新旧程度(列表) (2)总装备程度(马力/全员) (3)拟购、订购的新增加情况
施工经验	(1)在历史上曾施工过的主要工程项目 (2)习惯采用的施工方法 (3)采用过的先进施工方法 (4)科研成果
主要指标	(1)劳动生产率 (2)质量、安全 (3)降低成本 (4)机械化、工厂化程度 (5)机械设备的完好率、利用率

4. 编制施工图预算和施工预算

施工图预算应按照施工图纸所确定的工程量、施工组织设计拟定的施工方法、建筑工程预算定额和有关费用定额，并由施工企业编制。

5. 编制施工组织设计

拟建工程应根据工程规模、结构特点和建设单位要求，编制指导该工程施工全过程的施工组织设计。

(二)物资准备

1. 物资准备工作内容

(1)建筑材料准备：根据施工预算的材料分析和施工进度计划的要求，编制建筑材料需要量计划，为施工备料、确定仓库和堆场面积，以及组织运输提供依据。

(2)构(配)件和制品加工准备：根据施工预算所提供的构(配)件和制品加工要求编制相应计划，为组织运输和确定堆场面积提供依据。

(3)建筑施工机具准备：根据施工方案和进度计划的要求，编制施工机具需要量计划，为组织运输和确定机具停放场地提供依据。

(4)生产工艺设备准备：按照生产工艺流程及其工艺布置图的要求，编制工艺设备需要量计划，为组织运输和确定堆场面积提供依据。

2. 物资准备工作程序

(1)编制各种物资需要量计划。

(2)签订物资供应合同。

(3)确定物资运输方案和计划。

(4)组织物资按计划进场和保管。

(三)劳动组织准备

1. 建立施工项目领导机构

根据工程规模、结构特点和复杂程度,确定施工项目领导机构的人选和名额;遵循合理分工与密切协作、因事设职与因职选人的原则,建立有施工经验、有开拓精神和高工作效率的施工项目领导机构。

2. 建立精干的工作队组

根据采用的施工组织方式,确定合理的劳动组织,建立相应的专业或混合工作队组。

3. 集结施工力量,组织劳动力进场

按照开工日期和劳动力需要量计划,组织工人进场,安排好职工生活,并对职工进行安全、防火和文明施工等教育。

4. 做好职工入场教育工作

为落实施工计划和技术责任制,应按管理系统逐级进行交底。交底内容通常包括:工程施工进度计划和月、旬作业计划,各项安全技术措施、降低成本措施和质量保证措施,质量标准和验收规范要求,设计变更和技术核定事项等,都应详细交底,必要时进行现场示范,同时健全各项规章制度,加强职工的遵纪守法教育。

(四)施工现场准备

1. 施工现场控制网测量

根据给定永久性坐标和高程,按照建筑总平面图要求,进行施工场地控制网测量,设置场区永久性控制测量标桩。

2. 做好"四通一平",认真设置消火栓

确保施工现场水通、电通、道路畅通、通信畅通和场地平整,按消防要求设置足够数量的消火栓。

3. 建造施工设施

按照施工平面图和施工设施需要量计划,建造各项施工设施,为正式开工准备好用房。

4. 组织施工机具进场

根据施工机具需要量计划,按照施工平面图要求,组织施工机械、设备和工具进场,按照规定地点和方式存放,并应进行相应的保养和试运转等项工作。

5. 组织建筑材料进场

根据建筑材料、构(配)件和制品需要量计划,组织其进场,按照规定地点和方式储存或堆放。

6. 拟定有关试验、试制项目计划

建筑材料进场后,应进行各项材料的试验、检验。对于新技术项目,应拟定相应试制和试验计划,并均应在开工前实施。

7. 做好季节性施工准备

按照施工组织设计要求,认真落实冬季施工、雨季施工和高温季节施工项目的施工设施和技术组织措施。

(五)施工场外协调

1. 材料加工和订货

根据各项资源需要量计划，与建材加工和设备制造部门或单位取得联系，签订供货合同，保证按时供应。

2. 施工机具租赁或订购

对于本单位缺少且需用的施工机具，应根据需要量计划，与有关单位签订租赁合同或订购合同。

3. 做好分包或劳务安排，签订分包或劳务合同

通过经济效益分析，适合分包或委托劳务本单位难以承担的专业工程，如大型土石方、结构安装和设备安装工程，应尽早做好分包或劳务安排；采用招标或委托方式，与相应承担单位签订分包合同或劳务合同，保证合同顺利实施。

第二节 施工组织设计工作

一、施工组织设计类型

施工组织设计是以施工项目为对象编制的，用于指导其施工全过程各项施工活动的技术、经济、组织、协调和控制的综合性文件。根据施工项目类型的不同，它可分为施工组织设计大纲、施工组织总设计、单项（位）施工组织设计和分部（项）工程施工设计。

(一)施工组织设计大纲

施工组织设计大纲是以一个投标工程项目为对象进行编制，用以指导其投标全过程各项实施活动的技术、经济、组织、协调和控制的综合性文件。它是编制工程项目投标书的依据，目的是中标。主要内容包括项目概况、施工目标、施工组织和施工方案，以及施工进度、施工质量、施工成本、施工安全、施工环保和施工平面等计划，以及施工风险防范，它是编制施工组织总设计的依据。

(二)施工组织总设计

施工组织总设计是以一个建设项目为对象进行编制，用以指导其建设全过程各项全局性施工活动的技术、经济、组织、协调和控制的综合性文件。它是经过招投标确定了总承包单位之后，在总承包单位的总工程师主持下，会同建设单位、设计单位和分包单位的相应工程师共同编制。主要内容包括建设项目概况、施工总目标、施工组织、施工部署和施工方案，以及施工准备工作、施工总进度、施工总质量、施工总成本、施工总安全、施工总资源、施工总环保和施工总设施等计划，以及施工总风险防范、施工总平面和主要技术经济指标，它是编制单项（位）工程施工组织设计的依据。

(三)单项(位)工程施工组织设计

单项（位）工程施工组织设计是以一个单项或其一个单位工程为对象进行编制，用于指导其施工全过程各项施工活动的技术、经济、组织、协调和控制的综合性文件。它是在签订相应工程施工合同之后，在项目经理组织下，由项目工程师负责编制。主要内容包括工程概况、施工组织和施工方案，以及施工准备工作、施工进度、施工质量、施工成本、施工安全、施工资源、施工环保和施工设施等计划，以及施工风险防范施工平面布置和主要技术经济指标，它是编制分部(项)工程施工设计的依据。

(四)分部(项)工程施工设计

分部(项)工程施工设计是以一个分部工程或其一个分项工程为对象进行编制，用以指导各项作业活动的技术、经济、组织、协调和控制的综合性文件。它是在编制单项(位)工程施工组织设计的同时，由项目主管技术人员负责编制，作为该项目专业工程具体实施的依据。

二、施工组织设计编制原则

(1)认真贯彻国家工程建设的法律、法规、规程、方针和政策。

(2)严格执行工程建设程序，坚持合理的施工程序、施工顺序和施工工艺。

(3)采用流水施工方法和网络计划技术，组织有节奏、均衡和连续的施工。

(4)优先选用先进施工技术，科学确定施工方案，认真编制各项实施计划，严格控制工程质量、工程进度、工程成本和安全施工。

(5)充分利用施工机械和设备，提高施工机械化、自动化程度，改善劳动条件，提高生产效率。

(6)扩大预制装配范围，提高建筑工业化程度；科学安排冬季和雨季施工，保证全年施工的均衡性和连续性。

(7)坚持"安全第一，预防为主"原则，确保安全生产和文明施工，认真做好生态环境和历史文物保护，严防建筑振动、噪声、粉尘和垃圾污染。

(8)尽可能利用永久性设施和组装式施工设施，减少施工设施建造量，科学地规划施工平面，减少施工用地。

(9)优化现场物资储存量，合理地确定物资储存方式，减少库存量和物资损耗。

第二章　流水施工原理

第一节　流水施工表达方式

一、横道图

(一)水平指示图表

流水施工水平指示图表的表达方式，如图 2-1 所示。其横坐标表示持续时间，纵坐标表示施工过程或专业工作队编号，带有编号的圆圈表示施工项目或施工段的编号。

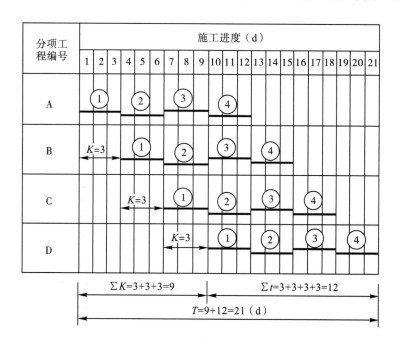

T—流水施工的计算总工期　t—流水节拍　K—流水步距，此图 $K=t$。

图 2-1　流水施工水平指示图表

(二)垂直指示图表

流水施工垂直指示图表的表达方式，如图 2-2 所示。其横坐标表示持续时间，纵坐标表示施工项目或施工段的编号，斜向指示线段的代号表示施工过程或专业工作队编号，图中其他符号同图 2-1。

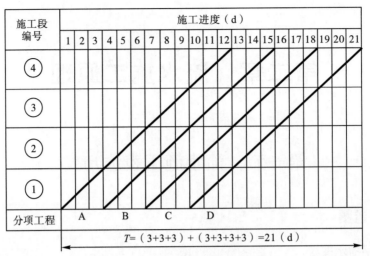

图2-2 流水施工垂直指示图表

二、流水网络图

流水步距式流水网络图如图2-3所示。图中实箭线表示实工作，其上标有施工过程和施工段编号，其下标有流水节拍；虚箭线表示虚工作，即工作之间的制约关系，其持续时间为零，流水步距也由实箭线表示，并在其下面标出流水步距编号和数值。

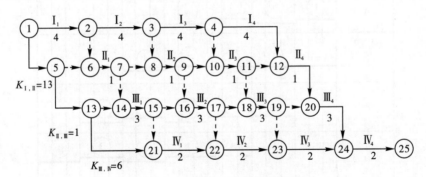

图2-3 流水步距式流水网络图

第二节 流水参数确定方法

一、工艺参数

(一)施工过程

在组织流水施工时，用以表达流水施工在工艺上开展层次的有关过程，统称为施工过程。施工过程数目以 n 表示，根据施工过程工艺性质的不同，它可分为：制备类、运输类和砌筑安装类三种施工过程。

（二）流水强度

在组织流水施工时，某施工过程在单位时间内所完成的工程数量，称为该过程的流水强度。它可按公式（2-1）计算。

$$V_j = R_j S_j \qquad (2-1)$$

式中：V_j——某施工过程 j 的流水强度；

R_j——某施工过程的工人数或机械台数；

S_j——某施工过程的计划产量定额。

二、空间参数

（一）工作面

在组织流水施工时，某专业工种所必须具备的活动空间，称为该工种的工作面。它可以根据该工种的计划产量定额和安全施工技术规程要求确定。

（二）施工段

为了有效地组织流水施工，通常将施工项目在平面上划分为若干个劳动量大致相等的施工段落，这些施工段落称为施工段，其数目以 m 表示。在划分施工段时，应遵循以下原则：

(1)主要专业工种在各个施工段所消耗的劳动量要大致相等，其相差幅度不宜超过 $10\% \sim 15\%$。

(2)在保证专业工作队劳动组合优化的前提下，施工段大小要满足专业工种对工作面的要求。

(3)施工段数目要满足合理流水施工组织要求，即 $m \geqslant n$。

(4)施工段分界线应尽可能与结构自然界线相吻合，如温度缝、沉降缝或单元界线等处；如果必须将其设在墙体中间时，可将其设在门窗洞口处，以减少施工留槎。

(5)多层施工项目既要在平面上划分施工段，又要在竖向上划分施工层，以组织有节奏、均衡、连续地流水施工。

（三）施工层

在组织流水施工时，为满足专业工种对操作高度的要求，通常将施工项目在竖向上划分为若干个作业层，这些作业层均称为施工层。例如，砌砖墙施工层高为 1.2 m，装饰工程施工层多以楼层为准。

三、时间参数

（一）流水节拍

在组织流水施工时，每个专业工作队在各个施工段上所必须的持续时间，均称为流水节拍，并以 t_i^j 表示。它通常可由公式（2-2）计算出。

$$t_i^j = \frac{Q_i^j}{S_j R_j N_j} = \frac{P_i^j}{R_j N_j} \qquad (2-2)$$

式中：t_i^j——专业工作队 j 在某施工段 i 上的流水节拍；

Q_i^j——专业工作队 j 在某施工段 i 上的工程量；

S_j——专业工作队 j 的计划产量定额；

R_j——专业工作队 j 的工人数或机械台数；

N_j——专业工作队 j 的工作班次；

P_i^j——专业工作队 j 在某施工段 i 上的劳动量。

(二)流水步距

在组织流水施工时，通常将相邻两个专业工作队先后开始施工的合理时间间隔，称为它们之间的流水步距，并以 $K_{j,j+1}$ 表示。在确定流水步距时，通常要满足以下原则：

(1)要满足相邻两个专业工作队在施工顺序上的制约关系。

(2)要保证相邻两个专业工作队在各个施工段上都能够连续作业。

(3)要使相邻两个专业工作队，在开工时间上实现最大限度、合理地搭接。

(三)技术间歇

在组织流水施工时，通常将施工对象的工艺性质决定的间歇时间，统称为技术间歇，并以 $Z_{j,j+1}$ 表示。如现浇构件养护时间，以及抹灰层和油漆层硬化时间。

(四)组织间歇

在组织流水施工时，通常将施工组织原因造成的间歇时间，称为组织间歇，并以 $G_{j,j+1}$ 表示。如施工机械转移时间，以及其他需要很多时间的作业前准备工作。

(五)平行搭接时间

在组织流水施工时，为了缩短工期，有时在工作面允许的前提下，某施工过程可与其紧前施工过程平行搭接施工，其平行搭接时间以 $C_{j,j+1}$ 表示。

第三节 流水施工基本方式

一、全等节拍流水

在组织流水施工时，如果每个施工过程在各个施工段上的流水节拍都彼此相等，其流水步距也等于流水节拍；这种流水施工方式，称为全等节拍流水。其建立步骤如下：

(1)确定施工起点流向，划分施工段。

(2)分解施工过程，确定施工顺序。

(3)确定流水节拍，此时 $t_i^j=t$。

(4)确定流水步距，此时 $K_{j,j+1}=K=t$。

(5)按公式(2-3)确定计算总工期。

$$T = (m+n-1)K + \sum Z_{j,j+1} + \sum G_{j,j+1} - \sum C_{j,j+1} \tag{2-3}$$

式中：T——流水施工方案的计算总工期；

$\sum Z_{j,j+1}$——所有技术间歇时间总和；

$\sum G_{j,j+1}$——所有组织间歇时间总和；

$\sum C_{j,j+1}$——所有平行搭接时间总和。

(6)绘制流水施工指示图表。

[例]某工程由 A、B、C、D 四个分项工程组成，它在平面上划分为四个施工段，各分项工程在各个施工段上的流水节拍均为 3 d，试编制流水施工方案。

解：根据题设条件和要求，该题只能组织全等节拍流水。

(1)确定流水步距：$K=t=3$(d)。

(2)确定计算总工期：$T=(4+4-1)\times3=21$(d)。

(3)绘制流水施工指示图表，分别如图 2-1 和图 2-2 所示。

二、成倍节拍流水

在组织流水施工时，如果同一施工过程在各个施工段上的流水节拍彼此相等，而不同施工过程在同一施工段上的流水节拍之间存在一个最大公约数，为加快流水施工速度，可按最大公约数的倍数确定每个施工过程的专业工作队，这样便构成了一个工期最短的成倍节拍流水施工方案。成倍节拍流水的建立步骤如下：

(1)确定施工起点流向，划分施工段。

(2)分解施工过程，确定施工顺序。

(3)按以上要求确定每个施工过程的流水节拍。

(4)按公式(2-4)确定流水步距。

$$K_b=最大公约数\{各过程流水节拍\} \tag{2-4}$$

式中：K_b——成倍节拍流水的流水步距。

(5)按公式(2-5)确定专业工作队数目。

$$\begin{cases} b_j = t_i^j/K_b \\ n_1 = \sum_{j=1}^{n} b_j \end{cases} \tag{2-5}$$

式中：b_j——施工过程(j)的专业工作队数目，$n\geqslant j\geqslant1$；

n_1——成倍节拍流水的专业工作队总和。

(6)按公式(2-6)确定计算总工期。

$$T=(m+n_1-1)K_b+\sum Z_{j,j+1}+\sum G_{j,j+i}-\sum C_{j,j+1} \tag{2-6}$$

(7)绘制流水施工指示图表。

[例]某工程由支模板、绑钢筋和浇混凝土 3 个分项工程组成；它在平面上划分为 6 个施工段；上述 3 个分项工程在各个施工段上的流水节拍依次为 6 d、4 d 和 2 d，试编制工期最短的流水施工方案。

解：根据题设条件和要求，该题组织成倍节拍流水；假定题设 3 个分项工程，依次由专业工作队Ⅰ、Ⅱ、Ⅲ来完成；其施工段编号依次为①、②、…、⑥。

(1)确定流水步距，由公式(2-4)得：$K_b=$最大公约数$\{6；4；2\}=2$(d)。

(2)确定专业工作队数目，由公式(2-5)得：$b_{\text{I}}=t_i^{\text{I}}/K_b=6/2=3$(个)，$b_{\text{II}}=t_i^{\text{II}}/K_b=4/2=2$(个)，$b_{\text{III}}=t_i^{\text{III}}/K_b=2/2=1$(个)，

$$\therefore n_1 = \sum_{j=1}^{3} b_j = 3+2+1 = 6（个）。$$

(3)确定计算总工期，由公式(2-6)得：$T=(6+6-1)\times2=22$(d)。

(4)绘制流水施工指示图表，如图2-4所示。

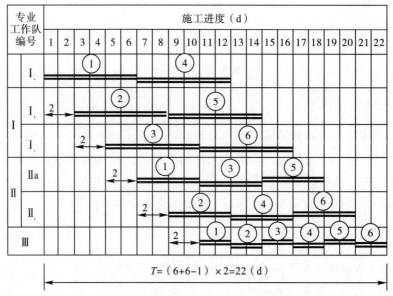

图2-4　成倍节拍流水指示图表

三、分别流水

在组织流水施工时，如果每个施工过程在各个施工段上的工程量彼此不相等，或者各个专业工作队生产效率相差悬殊，造成多数流水节拍不相等，这时只能按照施工顺序要求，使相邻两个专业工作队最大限度地搭接起来，组织成能够连续作业的非节奏流水施工。这种流水施工方式，称为分别流水。其建立步骤如下：

(1)确定施工起点流向，划分施工段。

(2)分解施工过程，确定施工顺序。

(3)按公式(2-2)确定流水节拍。

(4)按公式(2-7)确定流水步距。

$$K_{j,j+1} = \max\left\{ k_i^{j,j+1} = \sum_{i=1}^{i} \Delta t_i^{j,j+1} + t_i^{j+1} \right\}$$

$$(1 \leqslant j \leqslant n_1-1; 1 \leqslant i \leqslant m) \tag{2-7}$$

式中：$K_{j,j+1}$——专业工作队j与$(j+1)$之间的流水步距；

max——取最大值；

$k_i^{j,j+1}$——j与$(j+1)$在各个施工段上的"假定段步距"；

$\sum\limits_{i=1}^{i}$ ——由施工段 1 至 i 依次累加,逢段求和;

$\Delta t_i^{j,j+1}$ ——j 与 $(j+1)$ 在各个施工段上的"段时差",即 $\Delta t_i^{j,j+1} = t_i^j - t_i^{j+1}$;

t_i^j —— 专业工作队 j 在施工段 i 流水节拍;

t_i^{j+1} —— 专业工作队 $(j+1)$ 在施工段 i 流水节拍;

i —— 施工段编号,$1 \leqslant i \leqslant m$;

j —— 专业工作队编号,$1 \leqslant j \leqslant n_1 - 1$;

n_1 —— 专业工作队数目,此时 $n_1 = n$。

(5)按公式(2-8)确定计算总工期。

$$T = \sum_{j=1}^{n_1} K_{j,j+1} + \sum_{i=1}^{m} t_i^{n_1} + \sum Z_{j,j+1} + \sum G_{j,j+1} - \sum C_{j,j+1} \qquad (2-8)$$

式中:T——流水施工方案的计算总工期;

$t_i^{n_1}$ ——最后一个专业工作队 n_1 在各个施工段上的流水节拍。

(6)绘制流水施工指示图表。

[例]某分部工程为现浇柱,预制梁板,框架—剪力墙结构,其中柱子浇筑完毕后有 2 天的技术间歇时间每层拟分成四段进行流水施工,每层的流水节拍见表 2-1。

表 2-1 每层的流水节拍表

施工过程	流水节拍(d)			
	一段	二段	三段	四段
浇柱	1	2	3	2
吊装梁	3	3	4	2
吊装板	1	1	2	1
节点处理	2	3	4	2

试编制该工程项目的流水施工方案。

解:按分别流水组织施工。四个施工过程建立四个相应的工作队。

(1)确定流水步距。

$K_{A,B}$:

$$\begin{array}{r} 1,\ 3,\ 6,\ 8 \\ - \quad 3,\ 6,\ 10,\ 12 \\ \hline 1,\ 0,\ 0,\ -2,\ 12 \end{array}$$

$\therefore K_{A,B} = 1$(天)。

同理 $K_{B,C} = 8$(天),$K_{C,D} = 1$(天)。

(2)确定工期。

$$T = \sum_{j=1}^{n-1} K_{j,j+1} + \sum_{i=1}^{m^{zh}} D_i^{zh} + \sum z$$
$$= (1+8+1) + (2+3+4+2) + 2 = 23(\text{天})$$

(3)绘制进度水平图表(表2-2)。

表2-2　施工进度水平图表

施工过程	施工进度(d)																						
	1	2	3	4	5	6	7	8	9	10	11	12	13	14	15	16	17	18	19	20	21	22	23
现浇柱	①	②			③		④																
吊装梁				①			②				③			④									
吊装板												①	②		③	④							
节点处理													①			②			③			④	

第三章　网络计划技术

第一节　概　述

一、网络计划的产生和发展

从 20 世纪初，H. L. 甘特创造了"横道图法"，人们都习惯于用横道图表示工程项目进度计划。随着现代化生产的不断发展，项目的规模越来越大，影响因素越来越多，项目的组织管理工作也越来越复杂。为了适应对复杂系统进行管理的需要，20 世纪 50 年代，在美国相继研究并使用了两种进度计划管理方法，即关键线路法（critial path method，CPM）和计划评审技术（program evaluation and review technique，PERT）。国外多年实践证明，应用网络计划技术组织与管理生产一般能缩短时间 20％左右，降低成本 10％左右。当前，世界各国都非常重视现代化管理科学，网络计划技术已被许多国家认为是当前最为行之有效的、先进的、科学的管理方法。

我国从 20 世纪 60 年代中期，在华罗庚教授的倡导下，开始在国民经济各部门试点应用网络计划技术。为了进一步推进网络计划技术的研究、应用和教学，1992 年，我国《网络计划技术　第 1 部分：常用术语》（GB/T 13400.1—2012）、《网络计划技术　第 2 部分：网络图画法的一般规定》（GB/T 13400—2009）、《网络计划技术　第 3 部分：在项目管理中应用的一般程序》（GB/T 13400.3—2009）三个国家标准（术语、画法和应用程序），将网络计划技术的研究和应用提升到新水平。行业标准《工程网络计划技术规程》（JGJ/T 121—99）的发布必将进一步推动工程网络计划技术的发展和应用水平的提高。

二、网络计划方法的基本原理

（1）把一项工程的全部建造过程分解成若干项工作，并按各项工作的开展顺序和相互制约关系，绘制成网络图。

（2）通过网络图各项时间参数计算，找出关键工作和关键线路。

（3）利用最优化原理，不断改进网络计划初始方案，并寻求其最优方案。

（4）在网络计划执行过程中，对其进行有效地监督和控制，以最少的资源消耗，获得最大的经济效益。

三、网络计划的特点

网络计划技术既是一种科学的计划方法，又是一种有效的生产管理方法。与横道图计划管理方法相比，网络计划技术具有以下特点：

（1）网络计划把整个施工过程中各有关工作组成一个有机的整体，因而能全面而明确地反映出各工序之间的相互制约和相互依赖的关系，能够清楚地看出全部施工过程在计划中是否合理。

（2）网络计划可以通过时间参数计算，能够在工作繁多、错综复杂的计划中，找出影响工程进度的关键工作；便于管理人员集中精力抓住施工中的主要矛盾，确保按期竣工，避免盲目抢工。

（3）利用网络计划中反映出来的各工作机动时间，可以更好地运用和调配人力与设备，节约人力、物力，以达到降低成本的目的。

（4）通过对计划的优劣比较，可在若干可行性方案中选择最优方案。

（5）在计划的执行过程中，当某一工作因故提前或拖后时，能从计划中预见到它对其他工作及总工期的影响程度，便于及早采取措施以充分利用有利的条件或有效地消除不利因素。

（6）它还可以利用现代化的计算工具——计算机，对复杂的计划进行绘图、计算、检查、调整与优化。

网络计划的缺点是从图上很难清晰地看出流水作业的情况，也难以根据一般网络图计算出人力及资源需要量的变化情况。

综上所述，可以看出网络计划技术的最大特点就在于它能够提供施工管理所需的多种信息，有利于加强工程管理。所以，网络计划技术已不仅是一种编制计划的方法，而且是一种科学的工程管理方法。它有助于管理人员合理地组织生产，使他们做到心中有数，知道管理的重点应放在何处，怎样缩短工期，在哪里挖掘潜力，如何降低成本。在工程管理中提高应用网络计划技术的水平，必能进一步提高工程管理的水平。

四、网络计划的分类

(一)按表示方法分类

1. 单代号网络计划

即用单代号表示法绘制的网络图。在单代号网络图中，每个节点表示一项工作，箭线仅用来表示各项工作之间相互制约、相互依赖的关系。因为单代号网络图形不能用节点时间参数来表示，所以不能绘制时间坐标网络计划及其资源需求动态曲线，进行资源的优化、调整，所以单代号网络计划在工程实践中的应用不及双代号网络计划广泛。

2. 双代号网络计划

双代号网络计划是目前我国建筑业应用较为广泛的一种网络计划表达形式，它是由若干表示工作的箭线和节点所构成的网状图形，其中每一项工作都用一根箭线和两个节点来表示，每一个节点都编上号码，箭线前后两个节点的号码即代表该箭线所表示的工作，"双代号"的名称由此而来。

(二)按有无时间坐标分类

1. 时标网络计划

时标网络计划是指以时间坐标为尺度绘制的网络计划，即每项工作箭杆线的长短与该工作持续时间长短成比例。

2. 非时标网络计划

非时标网络计划是指不按时间坐标绘制的网络计划图，即每项工作箭杆线的长短与该工作持续时间长短无关。

(三)按层次分类

1. 总体网络计划

总体网络计划是以整个建设项目或单项工程为对象编制的网络计划。

2. 局部网络计划

局部网络计划是以建设项目或单项工程的某一部分为对象编制的网络计划。

第二节 双代号网络计划

一、双代号网络图的组成

双代号网络图主要由工作、节点和线路三个要素组成。

(一)工作

(1)工作又称为工序、活动，是指计划按需要的粗细程度划分而成的一个消耗时间或消耗资源的子项目或子任务。

在双代号网络图中的工作用箭线表示，如图 3-1 所示，图中 i 为箭尾节点，表示工作的开始；j 为箭头节点，表示工作的结束。工作的名称写在箭线的上面，完成工作所需要的时间写在箭线的下面，如图 3-1(a)所示。若箭线垂直向下画或垂直向上画，工作名称应书写在箭线左侧，工作持续时间书写在箭线右侧，如图 3-1(b)所示。

（a）水平箭线 （b）垂直箭线

图 3-1 双代号网络图表示法

即使不消耗人力、物力，但要消耗时间的活动过程仍然是工作。例如，混凝土浇筑后的养护过程，几乎不消耗资源，但需要时间去完成，仍然是工作。

工作是根据一项计划(或工程)的规模不同其划分的粗细程度、大小范围也有所不同。例如，对于一个规模较大的建设项目来讲，一项工作可能代表一个单位工程或一种构筑物；而对于一个单位工程，一项工作可能只代表一个分部或分项工作。

在无时标的网络图中，箭线的长短并不反映该工作占用时间的长短。原则上讲，箭线的形状可以任意画，可以画成水平直线，也可以画成折线或斜线，但不得中断。在同一张网络图上，箭线的画法要统一，图面要求整齐醒目，最好画成水平直线或带水平直线的折线，箭线优先选用水平走向，其方向尽可能由左向右画出。

（2）按照网络图中工作之间的相互关系，可将工作分为以下几种类型：

第一，紧前工作：如图 3-2 所示，在网络图中，相对于工作 $i-j$ 而言，紧排在本工作 $i-j$ 之前的工作 $h-i$，称为工作 $i-j$ 的紧前工作，即 $h-i$ 完成后本工作即可开始；若不完成，本工作不能开始。在双代号网络图中，工作与其紧前工作之间可能有虚工作。

第二，紧后工作：如图 3-2 所示，在网络图中，紧排在本工作 $i-j$ 之后的工作 $j-k$ 称为工作 $i-j$ 的紧后工作，本工作完成之后，紧后工作即可开始。否则，紧后工作就不能开始。

第三，平行工作：如图 3-2 所示，在网络图中，可以和本工作 $i-j$ 同时开始和同时结束的工作，如图中的工作 $i-d$ 就是 $i-j$ 的平行工作。

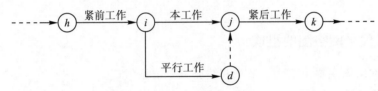

图 3-2　工作间的关系

绘制网络图时，最重要的是明确各工作之间的紧前或紧后关系。只要这一点弄清楚了，其他任何复杂的关系都能借助网络图中的紧前或紧后关系表达出来。

（3）虚工作：不消耗时间和资源的工作称为虚工作，即虚工作的持续时间为零。通常用虚箭线表示，如图 3-3(a)所示，当虚箭线很短，在画法上不易表示时，可采用工作持续时间为零的实箭线标识，如图 3-3(b)所示。虚工作实际上是用来表示工作间逻辑关系的一种符号。

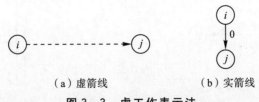

（a）虚箭线　　　　　　　（b）实箭线

图 3-3　虚工作表示法

虚工作不是一项正式的工作，而是在绘制网络图时根据逻辑关系的需要而增设的。虚工作的作用主要是正确地表达各工作间的关系，避免逻辑错误。

第一，虚箭线在工作的逻辑连接方面的应用。绘制网络图时，经常遇到图 3-4 中的情况，A 工作结束后可同时进行 B、D 两项工作。C 工作结束后进行 D 工作。从这四项工作的逻辑关系可以看出，A 的紧后工作为 B，C 的紧后工作为 D，但 D 又是 A 的紧后工作，为了把 A、D 两项工作紧前、紧后的关系表达出来，这时就需要引入虚箭线。因虚箭线的持续时间是零，虽然 A、D 间隔有一条虚箭线，又有两个节点，但是二者的关系仍是在 A 工作完成后，D 工作才可以开始。

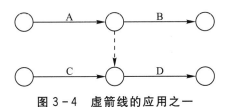

图 3-4　虚箭线的应用之一

第二，虚箭线在工作的逻辑"断路"方面的应用。绘制双代号网络图时，最容易产生的错误是把本来没有逻辑关系的工作联系起来了，使网络图发生逻辑上的错误。这时就必须使用虚箭线在图上加以处理，以隔断不应有的工作联系。产生错误的地方总是在同时有多条内向和外向箭线的节点处，画图时应特别注意，只有一条内向或外向箭线之处是不易出错的。

[例]某工程由支模板、绑钢筋、浇混凝土三个分项工程组成，它在平面上划分为Ⅰ、Ⅱ、Ⅲ三个施工阶段，已知其双代号网络图如图 3-5 所示，试判断该网络图的正确性。

判断网络图的正确与否，应从网络图是否符合工艺逻辑关系要求，是否符合施工组织程序要求，是否满足空间逻辑关系要求三个方面分析。由图 3-5 可以看出，该网络图符合前两个方面要求，但不满足空间逻辑关系要求，因为第Ⅲ施工段的支模板不应受到第Ⅰ施工段绑钢筋的制约，第Ⅲ施工段绑钢筋不应受到第Ⅰ施工段浇混凝土的制约，这说明空间逻辑关系表达有误。

在这种情况下，就应采用虚工作在线路上隔断无逻辑关系的各项工作，这种方法就是"断路法"。上述情况如要避免，就必须运用断路法，以增加虚箭线来加以分隔，使支模Ⅲ仅为支模Ⅱ的紧后工作，而与钢筋Ⅰ断路；使钢筋Ⅲ仅为钢筋Ⅱ的紧后工作，而与浇筑混凝土Ⅰ断路。正确的网络图如图 3-6 所示。这种断路法在组织分段流水作业的网络图中使用很多，十分重要。

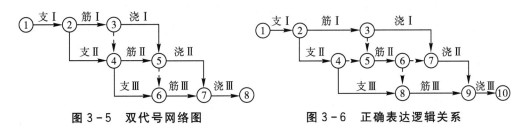

图 3-5　双代号网络图　　　　图 3-6　正确表达逻辑关系

第三，两项或两项以上的工作同时开始和同时完成时，必须引进虚工作。一个箭线和与其相关的节点只能代表一项工作，不允许代表多项工作。例如，图 3-7(a) 中，A、B 两项工作的箭线共用①、②两个节点，1-2 代号既表示 A 工作又可表示 B 工作，代号不清，就会在工作中造成混乱。而图 3-7(b) 中，引进了虚箭线，即图中的 2-3，这样 1-2 表示 A 工作，1-3 表示 B 工作，前面那种两项工作共用一个双代号的现象就消除了。

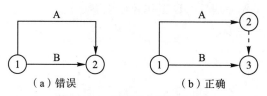

图 3-7　虚箭线的应用之二

　　第四，虚箭线在不同工程项目的工作之间互相有联系时的应用。在不同工程项目之间，施工过程中的某些工作可能会有联系时，也可引用虚箭线来表示它们的相互关系。例如，在两条平行施工的作业线（或两项工程）施工中，绘制网络图时，把两条作业线分别排列在两条水平线上，如果两条作业线上某些工作要利用同一台机械或由某一工人班组进行施工时，这些联系就应用虚箭线来表示，如图 3-8 所示。图 3-8 中，甲流水线的 B 工作需待 A 工作和乙流水线的 E 工作完成后才能开始；乙工程的 G 工作需待 F 工作和甲流水线的 B 工作完成后才能开始。

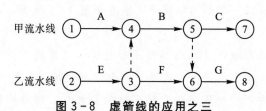

图 3-8　虚箭线的应用之三

(二)节点

　　(1)在网络图中，箭线的出发点和交汇处通常画上圆圈，标志着该圆圈前面一项或若干项工作的结束和允许后面一项或若干项工作开始的时间点称为节点(也称结点、事件)。

　　(2)在网络图中，节点不同于工作，它标志着工作的结束和开始的瞬间，具有承上启下的衔接作用，而不需要消耗时间或资源。如图 3-9 中的节点 2，它表示工作 A 的结束时刻和工作 C 的开始时刻。节点的另一个作用如前所述，在网络图中，一项工作可以用其前后两个节点的编号表示。如图 3-9 中，工作 E 可用节点"3-5"表示。

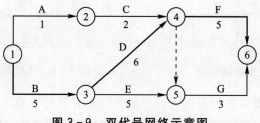

图 3-9　双代号网络示意图

　　(3)箭线出发的节点称为开始节点，箭线进入的节点称为完成节点，表示整个计划开始的节点称为网络图的起点节点，表示整个计划最终完成的节点称为网络图的终点节点，其余称为中间节点。所有的中间节点都具有双重的含义，既是前面工作的完成节点，又是后面工作的开始节点，如图3-10(a)所示。

(4)在一个网络图中可以有许多工作通向一个节点，也可以有许多工作由同一个节点出发，如图3-10(b)所示。施工企业把通向某节点的工作称为该节点的紧前工作，这些箭线称为内向箭线；把从某节点出发的工作称为该节点的紧后工作，这些箭线称为外向箭线。

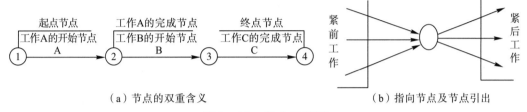

（a）节点的双重含义　　　　　　　　　（b）指向节点及节点引出

图 3-10　节点示意图

(三)线路

网络图中从起点节点开始，沿箭线方向连续通过一系列箭线与节点，最后到达终点节点所经过的通路，称为线路。每一条线路都有自己确定的完成时间，它等于该线路上各项工作持续时间的总和，称为线路时间。以图3-9为例，列表计算如下：

如表3-1所示，表中共有5条线路，其中第三条线路即1-3-4-6的时间最长，为16天，像这样在整个网络线路中线路时间最长的线路称为关键线路(也称主要线路)，位于关键线路上的工作称为关键工作。关键工作完成的快慢直接影响整个计划工期的实现。因此为了醒目，关键线路一般用粗线(或双箭线、红箭线)来表示。

表 3-1　网络图线路时间计算表

序号	线路	线长
1	①—1→②—2→④—5→⑥	8
2	①—1→②—2→④—0→⑤—3→⑥	6
3	①—5→③—6→④—5→⑥	16
4	①—5→③—6→④—0→⑤—3→⑥	14
5	①—5→③—5→⑤—3→⑥	13

在网络图中关键线路有时不止一条，可能同时存在几条关键线路，即这几条线路上的持续时间相同且是线路持续时间的最大值。但从管理的角度出发，为了实行重点管理，一般不希望出现太多的关键线路。

关键线路并不是一成不变的。在一定的条件下，关键线路和非关键线路可以相互转化。例如，当采用了一定的技术组织措施，缩短了关键线路上各工作的持续时间就有可能使关键线路发生转移，使原来的关键线路变成非关键线路，而原来的非关键线路却变成了关键线路。

位于非关键线路的工作除关键工作外，其余称为非关键工作，它具有机动时间（即时差），非关键工作也不是一成不变的，它可以转化为关键工作；利用非关键工作的机动时间可以科学的、合理的调配资源和对网络计划进行优化。

二、双代号网络图的绘制

(一)项目的分解

任何一个工程项目都是由许多具体工作和活动所组成的。所以，要绘制网络图，首要的问题是将一个项目根据需要分解成一定数量的独立工作和活动，其粗细程度可以根据网络计划的作用加以确定，宏观控制的网络计划，可以分解得粗一些；具体实施的网络计划，可以分解得细一些。项目分解和工艺、方法的确定是密切相关的。对于较复杂的项目，项目分解是一项深入细致的工作，通常是在工艺和方法确定的基础上进行的。项目分解的结果是要明确工作的名称、工作的范围和工作的内容等。施工项目结构分解的方法主要有以下几点。

1. 按实施过程进行分解

对于一个完整的施工项目来说，必然有一个实施的全过程。按实施过程进行分解即可得到项目的实施活动。常见的施工项目分为：施工准备工作、地基基础工程、主体工程、机械和电气设备安装、附属设施、装饰工程和竣工验收等。

按实施过程进行分解并非在项目结构图的最低层，通常在第2层或第3层。例如，某土建施工项目中共有准备工作、地基基础工程、土方及外防水工程、地下结构、上部结构、附属设施、土建竣工验收7个二级项目单元。其分解形式如图3-11所示。

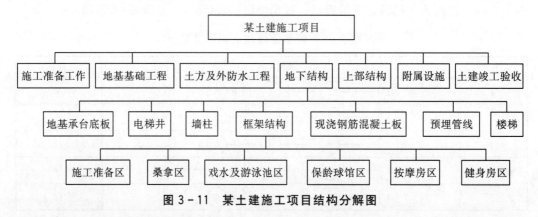

图3-11 某土建施工项目结构分解图

2. 按平面或空间位置进行分解

对于一个项目、子项目可以按几何形体分解。例如，图3-11中地下结构按平面位置分解为地基承台底板、电梯井、墙柱、框架结构、现浇钢筋混凝土板、预埋管线、楼梯7个三级项目单元。

3. 按功能进行分解

功能是项目建好后应具有的作用，它常常是在一定的平面和空间上起作用的，所以有时又被称为"功能面"。工程项目的运行实质是各个功能作用的组合，一般房屋建筑都具备建筑和主体结构2个主要功能。而其他的功能与建筑用途有关。例如，图3-11所示的娱乐城可能划分为娱乐和服务的功能，如图的第4级项目单元框架结构的施工准备区、桑拿区、保龄球馆区、健身房区等。

4. 按要素进行分解

一个功能面分为各个专业要素，分解时必须有明显的专业特征。如在图3-11的第4级各功能面上还可再分为配电及控制室等要素。同时，这些要素还可以进一步分解为子要素，如配电室可分为供电系统和照明系统等。

在对施工项目进行结构分解时，这些方法的选择是有针对性的，应符合工程的特点和项目自身的规律性，以实现项目的总目标。

(二)工作的逻辑关系分析及其表示方式

在网络计划中，正确的表示各工作间的逻辑关系是一个核心问题，逻辑关系就是各工作在进行作业时，客观上存在的一种先后顺序关系。工作的逻辑关系分析是根据施工工艺和施工组织的要求，确定各道工序之间的相互依赖和相互制约的关系，以方便绘制网络图。这种逻辑关系可归纳为两大类。

1. 工艺关系

它是由施工工艺或工作程序决定的工作之间的先后顺序关系。例如，图3-12中，支模1→扎筋1→混凝土1。

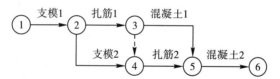

图3-12　某混凝土工程双代号网络图

这种关系是受客观规律支配的，一般是不可改变的。当一个工程的施工方法确定之后，工艺关系也就随之被确定下来。如果违背这种关系，将不可能进行施工，或会造成质量、安全事故，导致返工和浪费。

2. 组织关系

它是在施工过程中，由于组织安排需要和资源(劳动力、机械、材料和构件等)调配需要而规定的先后顺序关系。例如，图3-12中，支模1→支模2；扎筋1→扎筋2等为组织关系。

这种关系不是由工程本身决定的而是人为的。组织方式不同，组织关系也就不同，所以它不是一成不变的。但是不同的组织安排，往往产生不同的组织效果，所以组织关系不但可以调整，而且应该优化。这是由组织管理水平决定的，应该按组织规律办事。为便于绘图和计算，逻辑关系分析完成之后，应根据工作(分部分项工程、工作)间的工艺关系编制成一张明细表。

3. 各种逻辑关系的正确表示方法

在网络图中，各工作之间在逻辑上的关系是变化多端的。如表3-2所列的是网络图中常见的一些逻辑关系及其表示方法。

表 3-2 网络图中各工作逻辑关系表示方法

序号	工作之间的逻辑关系	网络图表示方法	说明
1	有 A、B 两项工作，按照顺序施工方式进行	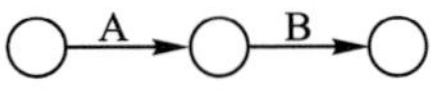	B 工作依赖着 A 工作，A 工作约束着 B 工作的开始
2	有 A、B、C 三项工作同时开始	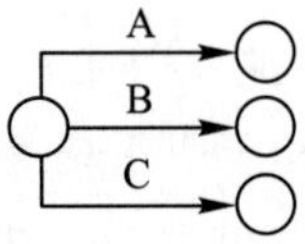	A、B、C 三项工作称为平行工作
3	有 A、B、C 三项工作同时结束	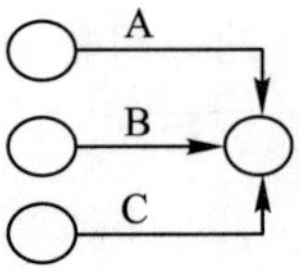	A、B、C 三项工作称为平行工作
4	有 A、B、C 三项工作只有在 A 完成后，B、C 才能开始	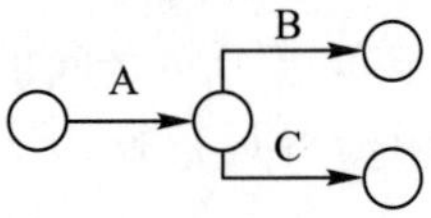	A 工作制约着 B、C 工作的开始，B、C 为平行工作
5	有 A、B、C 三项工作，C 工作只有在 A、B 完成后才能开始	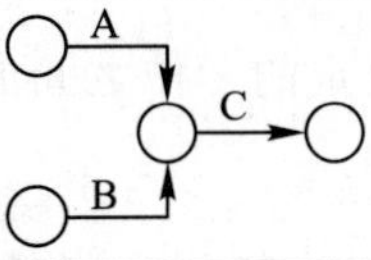	C 工作依赖着 A、B 工作，A、B 为平行工作
6	有 A、B、C、D 四项工作，只有当 A、B 完成后 C、D 才能开始	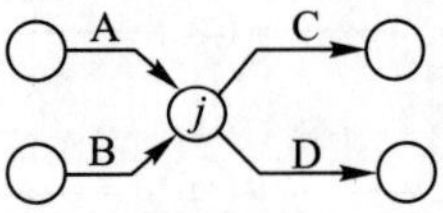	通过中间节点 j 正确地表达了 A、B、C、D 之间的关系
7	有 A、B、C、D 四项工作，A 完成后 C 才能开始，A、B 完成后 D 才能开始	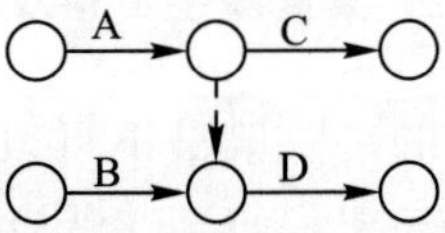	D 与 A 之间引入了逻辑连接（虚工作）只有这样才能正确表达它们之间的约束关系
8	有 A、B、C、D、E 五项工作，A、B 完成后 C 开始，B、D 完成后 E 开始	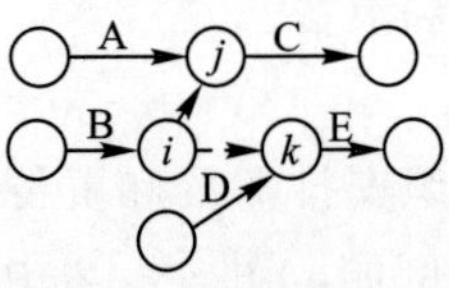	虚工作 $i-j$ 反映出 C 工作受到 B 工作的约束；虚工作 $i-k$ 反映出 E 工作受到 B 工作的约束
9	有 A、B、C、D、E 五项工作，A、B、C 完成后 D 才能开始，B、C 完成后 E 才能开始	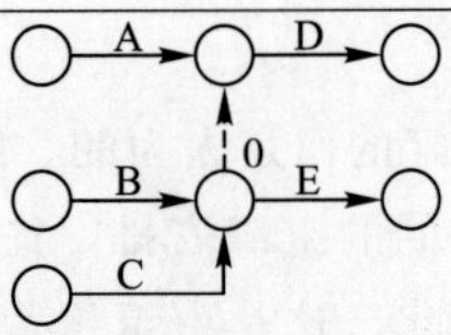	这是前面序号 1、5 情况通过虚工作联接起来，虚工作表示 D 工作受到 B、C 工作的制约
10	有 A、B 两项工作分三个施工段，平行施工	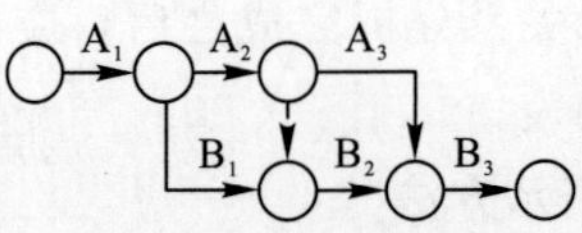	每个工种工程建立专业工作队，在每个施工段上进行流水作业，不同工种之间用逻辑搭接关系表示

(三)绘制双代号网络图的基本规则

网络计划技术在建筑施工中主要用来编制建筑施工企业或工程项目生产计划和工程施工进度计划。因此,网络图必须正确地表达整个工程的施工工艺流程和各工作开展的先后顺序,以及它们之间相互制约、相互依赖的约束关系。因此,在绘制网络图时必须遵循一定的规则。

(1)双代号网络图必须正确地表达已确定的逻辑关系。绘制网络图之前,要明确确定工作之间顺序,各工作之间的衔接关系,根据工作的先后顺序逐步把代表各项工作的箭线连接绘制成网络图。各工作间的逻辑关系表示是否正确,是网络图能否反映工程实际的关键。如果逻辑关系错了,网络图中各种时间参数的计算就会发生错误,关键线路和工程总工期的确定也将随之发生错误。

(2)在网络图中严禁出现循环回路。在网络图中,从一个节点出发沿着某一条线路移动,又回到原出发节点,即在网络图中出现了闭合的循环路线,称为循环回路。例如,图 3-13 中的 2—3—4—2,就是循环回路。它表示的网络图在逻辑关系上是错误的,在工艺关系上是矛盾的。

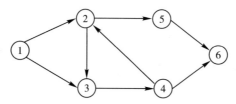

图 3-13 循环回路示意图

(3)双代号网络图中,在节点之间严禁出现带双箭头或无箭头的连线。

用于表示工程计划的网络图是一种有序的有向图,沿着箭头指引的方向进行,因此一条箭线只有一个箭头,不允许出现方向矛盾的双箭头和无方向的无箭头箭线,如图 3-14 所示即为错误的工作箭线画法,因为工作进行的方向不明确,因而不能达到网络图有向的要求。

(a)双向箭头   (b)无箭头

图 3-14 错误的工作箭线画法

(4)网络图中,严禁出现没有箭头节点或没有箭尾节点的箭线,如图 3-15 所示。

(a)存在没有箭尾节点的箭线   (b)存在没有箭头节点的箭线

图 3-15 错误的画法

(5)当网络图的某些节点有多条内向箭线或多条外向箭线时,为使图形简洁,在不违背"一项工作应只有唯一的一条箭线和相应的一对节点编号"的规定的前提下，可采用母线法绘图。使多条箭线经一条共用的母线线段从节点引出如图3-16(a)所示，或使多条箭线经一条共用的母线线段引入节点，如图3-16(b)所示。当箭线线型不同(如粗线、细线、虚线、点划线或其他线型等)时，可在母线引出的支线上标出。

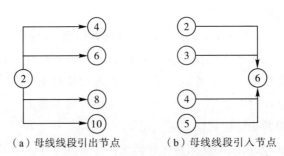

（a）母线线段引出节点　　　　（b）母线线段引入节点

图3-16　母线法绘图示意

(6)绘制网络图时，箭线不宜交叉，当交叉不可避免时，不能直接相交画出，可选用过桥法或指向法，如图3-17所示。

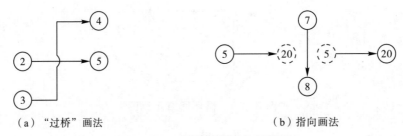

（a）"过桥"画法　　　　　　　（b）指向画法

图3-17　交叉箭线画法示意图

(7)在网络图中，应只有一个起点节点；在不分期完成任务的网络图中，应只有一个终点节点；而其他所有节点均应是中间节点。

如图3-18(a)所示的网络图中1、3节点均没有内向箭线，故可认为这两个节点都是起点节点，这是不允许的。如果遇到了这种情况，应根据实际的施工工艺流程增加一个虚箭线，如图3-18(b)才是正确的；在不违背第3条规则的情况下也可将没有紧前工作的节点全部并入网络图的起点，如在本例中，可将多余的节点3删除，而直接把1、5两个节点用箭线连接起来，如图3-18(c)所示。

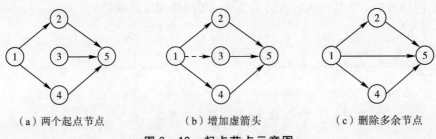

（a）两个起点节点　　　　　（b）增加虚箭头　　　　　（c）删除多余节点

图3-18　起点节点示意图

如图 3－19(a)所示的网络图中出现了两个没有箭线向外引出的节点 5 和节点 7。它们造成了网络逻辑关系混乱，1－5 工作何时结束？1－5 工作对后续工作有什么样的制约关系？表达不清楚，这在网络图中是不允许的。如果遇到这种情况应加入虚箭线调整。如图 3－19(b)才是正确的，在不违背第 3 条规则的情况下也可将没有紧后工作的节点 5 删除，直接将节点 1 和节点 6 连接起来。

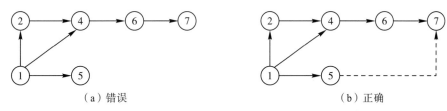

图 3－19　终点节点示意图

(四)网络图的编号

按照各道工序的逻辑顺序将网络图绘好之后，就要给节点进行编号。编号的目的是赋予每道工序一个代号，便于网络图进行时间参数的计算。当采用电子计算机来进行计算时，工作代号就显得更为必要。

1. 网络图的节点编号应遵循以下规则

(1)一条箭线的箭尾节点的号码应小于箭头节点的号码(即 $i<j$)，节点编号时应先编起点节点的代号，用施工企业打算使用的最小数，以后的编号每次都应比前一代号大。而且，只有指向一个节点的所有工作的箭尾节点全部编好代号，那么这个节点才能编一个比所有已编号码都大的代号。

(2)在一个网络计划中，所有节点都不能出现重复编号。但是号码可以不连续，即中间可以跳号，如编成 1，3，5，…或 10，15，20，…均可。这样做的好处是在将来需要临时加入工作时就可以不致打乱全图的编号。

2. 节点编号的方法

网络图的节点编号一般有水平编号法和垂直编号法两种。

(1)水平编号法：就是从起点节点开始由上到下逐行编号，每行则自左向右按顺序编排，如图 3－20 所示。

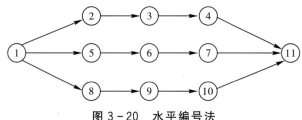

图 3－20　水平编号法

(2)垂直编号法：就是从起点节点开始自左向右逐列编号，每列根据编号规则的要求或自上而下，或自下而上，或先上下后中间，或先中间后上下，如图 3－21 所示。

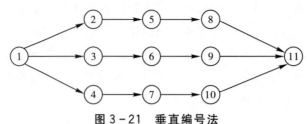

图 3-21　垂直编号法

(五)工程网络图实例

某机械厂铆焊车间的实施性网络图如图 3-22 所示,该车间为单层高低两跨厂房,建筑面积为 3 015 平方米。高跨总高为 15.40 米,其轨顶标高为 9.0 米,柱顶标高 11.75 米;低跨总高为 12.40 米,其轨顶标高为 6.6 米,柱顶标高为 8.70 米;车间跨度均为 18 米,柱距均为 6 米;车间总长度 84.74 米,车间总宽度 36.74 米。本工程采用装配钢筋混凝土排架结构形式,其构件均为预制钢筋混凝土构件,其中柱和屋架为现场预制,其他构件由加工厂预制。

本车间由地下工程、预制工程、结构安装工程、墙体砌筑工程、屋面工程、装饰工程和其他工程 7 个分部工程组成。

地下工程由挖基坑、做垫层、浇筑基础、基础拆模、养护和回填土等分项工程组成。它划分为Ⅰ、Ⅱ、Ⅲ 3 个施工段,组织流水施工,如图 3-22(a)所示。

预制工程由屋架预制和柱预制两部分组成。屋架预制由屋架支模、绑钢筋、浇混凝土、养护和拆模 5 个分项工程组成。它划分为Ⅰ、Ⅱ两个施工段;柱预制由柱支模、绑钢筋、浇混凝土、养护和拆模 5 个分项工程组成,它划分为Ⅰ、Ⅱ、Ⅲ 3 个施工段,均组织流水施工,如图 3-22(b)所示。

结构安装工程由柱安装、吊车梁(含连系梁)安装、屋盖(屋架、天窗架、屋面板)系统安装和基础梁安装等分项工程组成;采用 1 台履带式起重机,依次进行结构安装,如图 3-22(c)所示。

墙体砌筑工程由砌砖墙、搭脚手架、安门窗框(含安过梁)和安装屋檐板等分项工程组成。它在平面上划分为Ⅰ、Ⅱ、Ⅲ、Ⅳ 4 个施工段,高跨在竖向上划分为 1、2、3、4、5,五个施工层,低跨在竖向上划分为 1、2、3、4,四个施工层,均组织流水施工,如图 3-22(d)所示。

屋面工程由找平层(养护)、隔气层、保温层、找平层(养护)和防水层分项工程组成。它在平面上划分为Ⅰ、Ⅱ、Ⅲ、Ⅳ 4 个施工段,并组织流水施工,如图 3-22(e)所示。

装饰工程由室内装饰和室外装饰两部分组成。室内装饰由粉刷(顶棚和内墙面)、地面垫层(养护)、安门窗扇、门窗油漆和地面面层(养护)等分项工程组成。它划分为Ⅰ、Ⅱ、Ⅲ、Ⅳ 4 个施工段,室外装饰由外墙面勾缝、拆脚手架、外墙粉刷、散水坡垫层、散水坡面层和门口台阶等分项工程组成。它也划分为Ⅰ、Ⅱ、Ⅲ、Ⅳ 4 个施工段,均组织流水施工。在室内装饰开始前,要先搭设吊脚手架(此处从略),如图 3-22(f)所示。

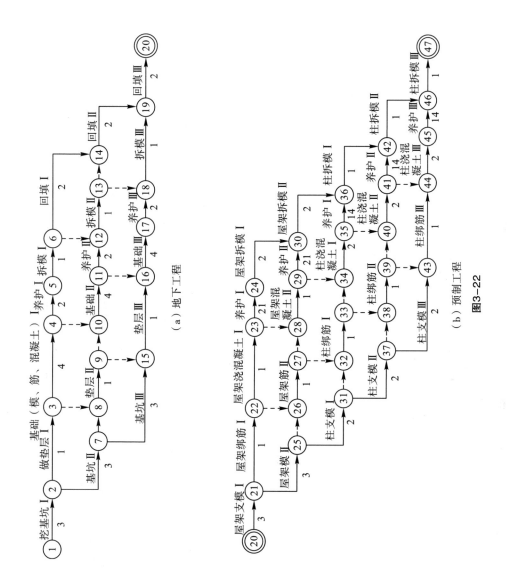

（a）地下工程

（b）预制工程

图3-22

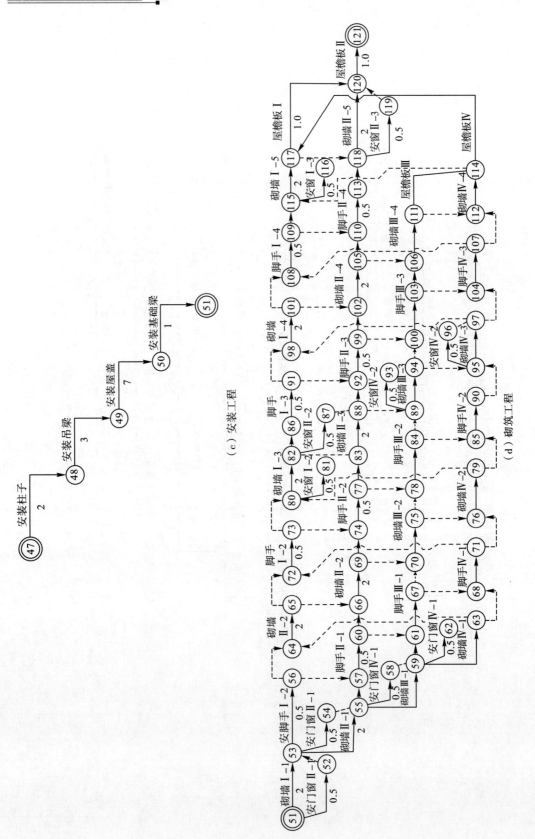

（c）安装工程

（d）砌筑工程

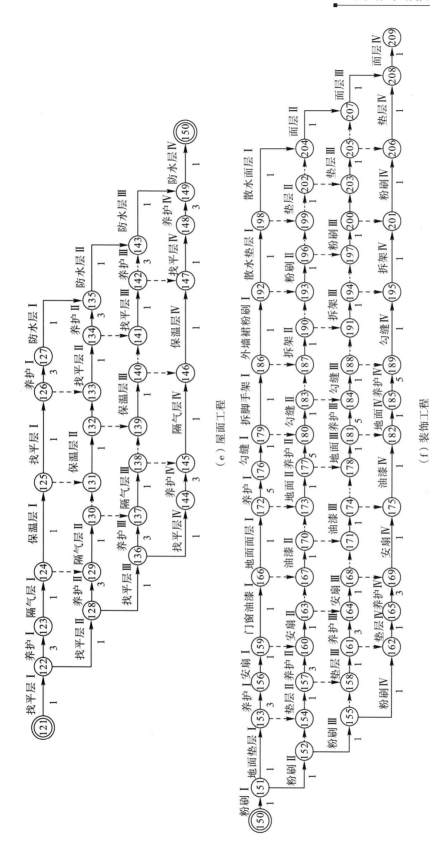

（e）屋面工程

（f）装饰工程

图3-22 某单层装配式工业厂房普通施工网络图

三、时间参数的计算及关键线路的确定

时间参数分为两类：一类是控制性时间参数，包括节点时间参数 ET、LT，工作时间参数 ES、EF、LS、LF；另一类是协调性时间参数，指工作时差 TF、FF。

(一)节点时间参数的计算及关键线路的确定

1. 节点的最早可能开始时间 ET

(1)定义：节点的最早可能开始时间即节点可以开工的最早时间，表示该节点的紧前工作已全部完成。

(2)计算方法：从开始节点开始，沿着箭线方向，依次累加，取其最大值，计算每一个节点，直至结束节点。

计算公式为：

$$ET_j = \max\{ET_i + D_{i-j}\} \tag{3-1}$$

(3)规定：开始节点最早可能开始时间为零，即 $ET_1 = 0$，如图 3-23 所示。

图 3-23 节点最早可能开始时间 ET

[例]节点最早可能开始时间 ET 的计算，如图 3-24 所示。

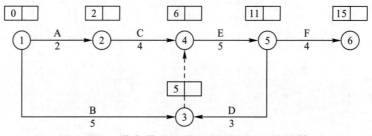

图 3-24 节点最早可能开始时间 ET 的计算

解：(1)1 节点最早可能开始时间按规定为 0。

(2)2 节点最早可能开始时间为 1 节点最早可能开始时间加 A 工作工期，即 0+2=2，注意 2 节点只有一条内向箭线，所以不需要判断大小值。

(3)3 节点最早可能开始时间为 1 节点最早可能开始时间加 B 工作工期，即 0+5=5，同上不需要判断大小值。

(4)4 节点最早可能开始时间为 2 节点最早可能开始时间加 C 工作工期，即 2+4=6，因为 4 节点最早可能开始时间 6 表示 4 节点的紧前工作 B、C 已全部完成，紧后工作 E 可以开始，而不是 3 节点最早可能开始时间 5，即第 5 天是 B 工作的完成时间，而 C 工作还没有完成。因为 E 工作必须等 B、C 工作都完成了才可以开始，即 E 工作的最

早可能开始时间是第6天而不是第5天。

（5）5节点最早可能开始时间为4节点最早可能开始时间加E工作工期，即6＋5＝11，而不是3节点最早可能开始时间加D工作工期，即5＋3＝8，因为F工作必须等D、E工作全部完成后才能开始，所以5节点最早可能开始时间为11天而不是8天。

（6）6节点的最早可能开始时间为5节点最早可能开始时间加F工作工期，即11＋4＝15。

总结：由以上计算可得，计划总工期为15天。整个计算步骤用公式表达如下：

$$ET_1=0 \rightarrow ET_2=ET_1+D_{1-2}=0+2=2$$
$$ET_3=ET_1+D_{1-3}=0+5=5$$
$$ET_4=\{ET_2+D_{2-4}=2+4=6,\ ET_3+D_{3-4}=5+0=5\}\max=6$$
$$ET_5=\{ET_3+D_{3-5}=5+3=8,\ ET_4+D_{4-5}=6+5=11\}\max=11$$
$$ET_6=ET_5+D_{5-6}=11+4=15$$

2. 节点最迟必须开始时间 *LT*

（1）定义：节点的最迟必须开始时间表示节点开工不能迟于这个时间，若迟于这个时间，将会影响计划的总工期。

（2）计算方法：从结束节点开始，逆着箭线方向，依次相减，取其最小值，计算每一个节点，直至开始节点。

计算公式：

$$LT_i=\min\{LT_j-D_{i-j}\} \tag{3-2}$$

（3）规定：结束节点最迟必须开始时间为结束节点的最早可能开始时间，即计划的总工期，$LT_终=ET_终=T_计$，如图3-25所示。

节点最迟　　　　　　　　　　　　　　　　　节点最迟
必须开始时间　　　　　　　　　　　　　　　必须开始时间

图3-25　节点最迟必须开始时间 *LT*

[例]节点的最迟必须开始时间 *LT* 的计算，如图3-26所示。

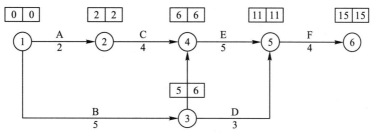

图3-26　节点最迟必须开始时间 *LT* 的计算

解：（1）6 节点最迟必须开始时间按规定为计划工期 15，即为 6 节点的最早可能开始时间。

（2）5 节点的最迟必须开始时间为 6 节点的最迟必须开始时间减去 5—6 工作的工期，即 15−4＝11。注意，因为 5 节点只有一条外向箭线，所以不判断大小值。

（3）4 节点的最迟必须开始时间为 5 节点的最迟必须开始时间减去 4—5 工作的工期，即 11−5＝6。同上不判断大小值。

（4）3 节点有两条外向箭线，因为 5 节点最迟必须开始时间减去 3—5 工作的工期为 8，即 11−3＝8；而 4 节点最迟必须开始时间减去 0，即 6−0＝6。所以 3 节点的最迟必须开始时间为 6，即 3 节点的最迟必须开始时间必须满足紧后工作最迟必须开始时间的最小值。

（5）2 节点的最迟必须开始时间为 4 节点的最迟必须开始时间减去 2—4 工作的工期，即 6−4＝2。所以不判断大小值。

（6）1 节点有两条外向箭线，因为 2 节点最迟必须开始时间减去 1—2 工作的工期为 0，即 2−2＝0；而 3 节点最迟必须开始时间减去 1—3 工作的工期为 1，即 6−5＝1。所以 1 节点的最迟必须开始时间为 0。

总结：由以上计算可得，关键线路为 1—2—4—5—6，关键线路上节点最早可能开始时间和节点最迟必须开始时间相等，即 $ET=LT$。整个计算步骤用公式表达如下：

$$LT_6=ET_6=T_计=15\rightarrow LT_5=LT_6-D_{5-6}=15-4=11$$
$$LT_4=LT_5-D_{4-5}=11-5=6$$
$$LT_3=\{LT_4-D_{3-4}=6-0=6,\ LT_5-D_{3-5}=11-3=8\}\min=6$$
$$LT_2=LT_4-D_{2-4}=6-4=2$$
$$LT_1=\{LT_2-D_{1-2}=2-2=0,\ LT_3-D_{1-3}=6-5=1\}\min=0$$

节点时间参数计算步骤示例图例，如图 3−27 所示。

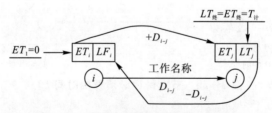

图 3−27 节点时间参数计算步骤示例

（二）工作时间参数的计算及关键线路的确定

1. 工作的最早开始时间、最早结束时间

（1）工作的最早开始时间 ES。$i-j$ 工作的最早开始时间 ES_{i-j} 与 i 节点的最早可能开始时间 ET_i 相等，即：

$$ES_{i-j}=ET_i \tag{3-3}$$

（2）工作的最早结束时间 EF。$i-j$ 工作的最早结束时间 EF_{i-j} 等于 $i-j$ 工作的最早开始时间 ES_{i-j} 加 $i-j$ 工作的工期 D_{i-j}，即：

$$EF_{i-j}=ES_{i-j}+D_{i-j} \tag{3-4}$$

2. 工作的最迟开始、最迟结束时间

(1)工作的最迟开始时间 LS。$i-j$ 工作的最迟开始时间 LS_{i-j} 等于 $i-j$ 工作的最迟结束时间 LF_{i-j} 减去 $i-j$ 工作的工期 D_{i-j}，即：

$$LS_{i-j}=LF_{i-j}-D_{i-j} \tag{3-5}$$

(2)工作的最迟结束时间 LF。$i-j$ 工作的最迟结束时间 LF_{i-j} 等于 j 节点的最迟必须开始时间 LT_j，即：

$$LF_{i-j}=LT_j \tag{3-6}$$

计算示意图如图 3-28 所示。

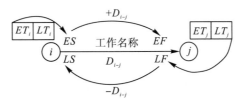

图 3-28　工作最迟开始、最迟结束时间计算

[**例**]工作时间参数的计算，如图 3-29 所示。

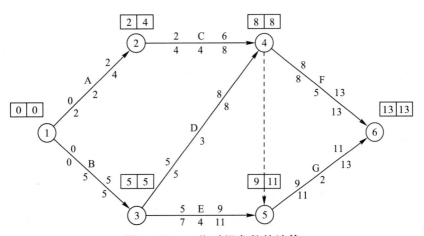

图 3-29　工作时间参数的计算

解：(1)计算节点时间参数。

(2)确定工作最早开始，最早结束时间，即：

$$ES_{1-2}=ET_1=0 \rightarrow EF_{1-2}=ES_{1-2}+D_{1-2}=0+2=2$$

$$ES_{1-3}=ET_1=0 \rightarrow EF_{1-3}=ES_{1-3}+D_{1-3}=0+5=5$$

$$ES_{2-4}=ET_2=2 \rightarrow EF_{2-4}=ES_{2-4}+D_{2-4}=2+4=6$$

$$ES_{3-4}=ET_3=5 \rightarrow EF_{3-4}=ES_{3-4}+D_{3-4}=5+3=8$$

$$ES_{3-5}=ET_3=5 \rightarrow EF_{3-5}=ES_{3-5}+D_{3-5}=5+4=9$$

$$ES_{4-6}=ET_4=8 \rightarrow EF_{4-6}=ES_{4-6}+D_{4-6}=8+5=13$$

$$ES_{5-6}=ET_5=9 \rightarrow EF_{5-6}=ES_{5-6}+D_{5-6}=9+2=11$$

(3)确定工作最迟开始、最迟结束时间，即：

$$LF_{5-6}=LT_6=13\rightarrow LS_{5-6}=LF_{5-6}-D_{5-6}=13-2=11$$

$$LF_{4-6}=LT_6=13\rightarrow LS_{4-6}=LF_{4-6}-D_{4-6}=13-5=8$$

$$LF_{3-5}=LT_5=11\rightarrow LS_{3-5}=LF_{3-5}-D_{3-5}=11-4=7$$

$$LF_{3-4}=LT_4=8\rightarrow LS_{3-4}=LF_{3-4}-D_{3-4}=8-3=5$$

$$LF_{2-4}=LT_4=8\rightarrow LS_{2-4}=LF_{2-4}-D_{2-4}=8-4=4$$

$$LF_{1-3}=LT_3=5\rightarrow LS_{1-3}=LF_{1-3}-D_{1-3}=5-5=0$$

$$LF_{1-2}=LT_2=4\rightarrow LS_{1-2}=LF_{1-2}-D_{1-2}=4-2=2$$

总结：

(1)若工作的最早开始(结束)时间等于工作最迟开始(结束)时间，即 $ES_{i-j}=LS_{i-j}$(或 $EF_{i-j}=LF_{i-j}$)，则说明该工作没有富余时间，就是所谓的时差，此工作为关键工作；否则，此工作有富余时间可利用，则此工作为非关键工作。

(2)该网络图形的关键线路为1—3—4—6。除关键线路上各节点 $ET_i=LT_i$ 外，关键线路上 $ES_{i-j}=LS_{i-j}$(或 $EF_{i-j}=LF_{i-j}$)。

(3)由此可见，关键线路上的工作都是关键工作，非关键线路上至少有一项非关键工作。

3. 工作(工序)时差计算

时差是可利用的时间范围，但不一定能全部利用，通常分为总时差、自由时差。其标注如图3-30所示。

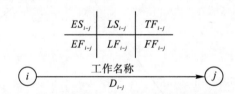

图3-30 工作时差计算

(1)总时差 TF_{i-j}。工作的总时差 TF_{i-j} 是指在不影响紧后工作最迟必须开工时间的条件下，工作 $i-j$ 所拥有的最大机动时间。也就是说，在保证紧后工作最迟开工的条件下，$i-j$ 工作推迟其最早开始或延长其持续时间的幅度。它可以用节点时间参数来表示，也可以用工作时间参数来表示。

第一，用节点时间参数来表示：

$$TF_{i-j}=LT_j-ET_i-D_{i-j} \tag{3-7}$$

第二，用工作时间参数来表示：

$$TF_{i-j}=LS_{j-k}-ES_{i-j}-D_{i-j} \tag{3-8}$$

式中：$j-k$ 工作是 $i-j$ 工作的紧后工作。

由公式(3-7)和公式(3-8)可以看出，总时差有如下3种情况：

$TF_{i-j}>0$，说明该工作存在机动时间。

$TF_{i-j}=0$，说明该工作没有机动时间。

$TF_{i-j}<0$，说明计划工期大于要求工期，应采取措施缩短计划工期，保证在要求工期内完成工程项目。

（2）自由时差 FF_{i-j}。工作的自由时差 FF_{i-j} 是指在不影响紧后工作最早可能开始时间的条件下，工作 $i-j$ 所拥有的机动时间。也就是说，在保证紧后工作最早开工的条件下，$i-j$ 工作推迟其最早开始或延长其持续时间的幅度。它可以用节点时间参数来表示，也可以用工作时间参数来表示。

第一，用节点时间参数来表示：

$$FF_{i-j}=ET_j-ET_i-D_{i-j} \qquad (3-9)$$

第二，用工作时间参数来表示：

$$FF_{i-j}=ES_{j-k}-ES_{i-j}-D_{i-j} \qquad (3-10)$$

（3）总结。

第一，如果总时差等于 0，其他时差都等于 0。

第二，总时差不属于本项工作，为一条线路共用。

第三，自由时差属于本项工作，不能传递。使用自由时差时对紧后工作没有影响。

第四，总时差最小的工作为关键工作，由关键工作组成的线路为关键线路。当规定了工期时，总时差可能小于 0；否则，总时差 $\geqslant 0$。

[例]用节点时间参数计算图 3-31 所示各工作的工作时差，并确定关键线路。

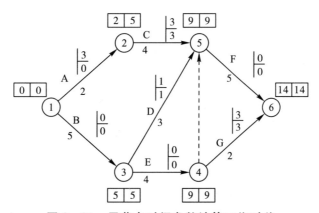

图 3-31　用节点时间参数计算工作时差

计算步骤：

（1）计算总时差 TF_{i-j}。

$$TF_{1-2}=5-0-2=3 \qquad TF_{1-3}=5-0-5=0$$
$$TF_{2-5}=9-2-4=3 \qquad TF_{3-4}=9-5-4=0$$
$$TF_{3-5}=9-5-3=1 \qquad TF_{4-6}=14-9-2=3$$
$$TF_{5-6}=14-9-5=0$$

（2）计算自由时差 FF_{i-j}。

$$FF_{1-2} = 2-0-2 = 0 \qquad FF_{1-3} = 5-0-5 = 0$$
$$FF_{2-5} = 9-2-4 = 3 \qquad FF_{3-4} = 9-5-4 = 0$$
$$FF_{3-5} = 9-5-3 = 1 \qquad FF_{4-6} = 14-9-2 = 3$$
$$FF_{5-6} = 14-9-5 = 0$$

关键线路为 1→3→4→5→6。

(三)工期及关键线路

1. 关键线路

由关键工作组成的线路是关键线路。在一个网络图中，持续时间最长的线路是关键线路。如关键线路不止一条，则持续时间相等，关键线路上各工作持续时间之和为总工期。

2. 非关键线路

在一个网络图中，关键线路以外的线路都是非关键线路。非关键线路上至少有一项非关键工作。但非关键工作是相对的，当总时差用完时，就转化为关键工作。

3. 关键线路的确定

(1)关键线路上所有节点的最早可能开始时间和最迟必须开始时间相等，即 $ET_i = LT_i$。

(2)关键线路上所有工作的最早开始(结束)时间和最迟开始(结束)时间相等，即 $ES_{i-j} = LS_{i-j}$(或 $EF_{i-j} = LF_{i-j}$)。

(3)关键线路上所有工作的总时差最小。

第三节　双代号时标网络计划

一、时间坐标网络计划的概念

时间坐标网络计划，简称时标网络计划，是网络计划的一种表达方式。章节前面所介绍的网络计划属一般网络计划。在一般网络计划中，工作的工期在箭线下方标出，但是，因为没有时间坐标，各项工作的开始时间、结束时间，以及持续时间的长短不能直接看出，不能直观地反映这个计划的进程。为了克服以上不足，在一般网络计划的上方或下方增加一个时间坐标，箭线的长短即表示该工作持续时间的长短。这样使整个进度计划的进程更加直观，并且时标网络计划还是计划调整、优化的有利工具。

二、时间坐标网络计划的绘制

时间坐标网络计划可以按节点最早可能开始时间和节点最迟必须开始时间两种途径绘制。

(一)按节点最早可能开始时间绘制时标网络计划

以图 3-32 所示的网络计划为例，按节点最早可能开始时间绘制时标网络计划。

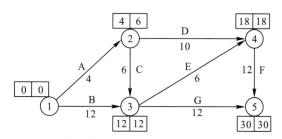

图 3-32 按节点最早可能开始时间绘制时标网络计划

1. 绘制步骤

(1)计算各节点的时间参数，并确定关键线路。

(2)作出时间坐标，如图 3-33 所示。

(3)把关键线路绘制在图中适当的位置，如 1—3—4—5。

(4)按节点最早可能开始时间标画出非关键线路。

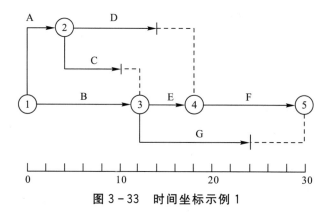

图 3-33 时间坐标示例 1

2. 注意事项

(1)绘制时，按节点最早可能开始时间先放置节点。

(2)实际进行的工作用实箭线表示，箭线的长短表示工作的持续时间；虚工作用实箭线表示；工作的富余时间用实箭线表示，并且实箭线和虚箭线分界处加一截止短线。

(二)按节点最迟必须开始时间绘制时标网络计划

绘制步骤：

(1)计算各节点的时间参数，并确定关键线路。

(2)作出时间坐标，如图 3-34 所示。

(3)把关键线路绘制在图中适当的位置，如 1—3—4—5。

(4)按节点最迟必须开始时间标画出非关键线路。

三、时间坐标网络计划的应用

(1)利用时标网络可方便编制工程项目小、工艺过程简单的施工进度计划。在编制过程中可以边编制、边计算、边调整。

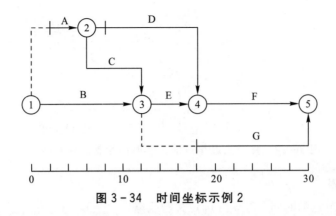

图3-34 时间坐标示例2

（2）对于大型复杂的工程项目，可以先绘制局部时标网络计划，然后再综合起来绘制总体网络计划。

（3）在时标网络计划的绘制中，根据具体项目，每一单位是表示1天、1个月还是1年，具体确定，但应扣除休息日。

第四节 单代号网络计划

一、单代号网络图的绘制

(一)单代号网络图的构成及基本符号

1. 单代号网络图的构成

单代号网络图又称节点式网络图，它以节点及其编号表示工作，以箭线表示工作之间的逻辑关系。

2. 节点及其编号

在单代号网络图中，节点及其编号表示一项工作。该节点宜用圆圈或矩形表示，如图3-35所示。圆圈或方框内的内容(项目)可以根据实际需要来填写和列出，如可标注出工作编号、名称和工作持续时间等内容，如图3-35所示。

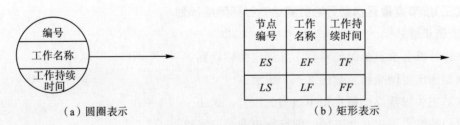

（a）圆圈表示 （b）矩形表示

图3-35 单代号表示法

3. 箭线

单代号网络图中的箭线表示紧邻工作之间的逻辑关系，箭线应画成水平直线、折线或斜线，箭线水平投影的方向应自左向右，表示工作的进行方向。

（1）箭线的箭尾节点编号应小于箭头节点的编号。

（2）单代号网络图中不设虚箭线。

（3）单代号网络图中一项工作的完整表示方法应如图3－35所示，即节点表示工作本身，其后的箭线是指向其紧后工作。

（4）箭线既不消耗资源，又不消耗时间，只表示各项工作之间的逻辑关系。相对于箭尾和箭头来说，箭尾节点称为紧前工作，箭头节点称为紧后工作。

（二）单代号网络图工作关系

单代号网络图的绘制比双代号网络图的绘制容易，也不易出错，关键是要处理好箭线交叉，使图形规则，便于读图，工作关系表示方法见表3－3。

表3－3　单代号网络图逻辑关系表示方法

序号	工作间的逻辑关系	单代号网络图的表示方法
1	A、B、C三项工作依次完成	Ⓐ→Ⓑ→Ⓒ
2	A、B完成后进行D	Ⓐ、Ⓑ→Ⓓ
3	A完成后，B、C同时开始	Ⓐ→Ⓑ、Ⓒ
4	A完成后进行C A、B完成后进行D	Ⓐ→Ⓒ，Ⓑ→Ⓓ

（三）单代号网络图的绘制规则

单代号网络图的绘图规则与双代号网络图基本相同，主要区别在于：

（1）当网络图中有多项开始工作时，应增加一项虚拟的工作（开始），作为该网络图的起点节点。

（2）当网络图中有多项结束工作时，应增设一项虚拟的工作（结束），作为该网络图的终点节点如图3－36所示，其中开始和结束为虚拟工作。

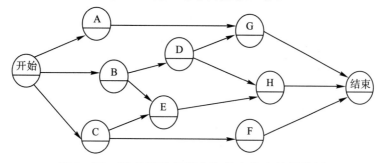

图3－36　带虚拟起点节点和终点节点的网络图

二、单代号网络计划时间参数的计算。

下面以图 3-37 所示的单代号网络计划为例，说明其时间参数的计算过程。计算结果标注在图上。

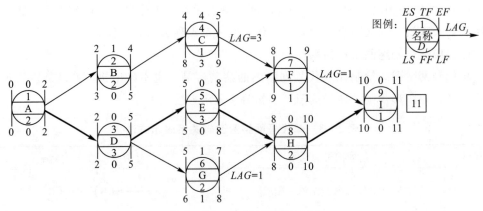

图 3-37　单代号网络计划

(一)工作最早时间的计算

工作最早时间的计算应从网络计划的起点节点开始，顺着箭线方向按节点编号从小到大的顺序依次进行。

(1)起点节点 i 的最早开始时间 ES_i 如无规定时，其取值应等于零。

(2)工作的最早完成时间应等于本工作的最早开始时间与其持续时间之和，即：

$$EF_i = ES_i + D_i \qquad (3-11)$$

式中：EF_i——工作 i 的最早完成时间；

ES_i——工作 i 的最早开始时间；

D_i——工作 i 的持续时间。

(3)其他工作的最早开始时间应等于其紧前工作最早完成时间的最大值，即：

$$ES_j = \max\{EF_i\} \qquad (3-12)$$

(二)相邻两项工作之间时间间隔的计算

相邻两项工作之间的时间间隔是指其紧后工作的最早开始时间与本工作最早完成时间的差值，工作 i 和工作 j 之间的时间间隔记为 $LAG_{i,j}$，其计算公式为：

$$LAG_{i,j} = ES_j - EF_i \qquad (3-13)$$

例如，在本例中，工作 C 与工作 F 的时间间隔为：$LAG_{4,7} = ES_7 - EF_4 = 8-5=3$。

按公式(3-13)进行计算，并将计算结果标注在两个节点之间的箭线上。图 3-37 中，$LAG_{i,j}=0$ 的未标注。

(三)网络计划工期的确定

(1)单代号网络计划计算工期的规定与双代号网络计划相同：$T_c = EF_9 = 11$。

(2)网络计划的计划工期确定也与双代号网络计划相同，由于未规定要求工期，其计划工期等于计算工期：$T_p = T_c = 11$。

将计划工期标注在终点节点旁的方框内。

(四)计算工作的总时差

(1)工作总时差 TF_i 的计算应从网络计划的终点节点开始，逆着箭线方向依次逐项计算。

(2)终点节点所代表的工作的总时差 TF 应等于计划工期与计算工期之差，即：

$$TF_n = T_p - EF_n \tag{3-14}$$

(3)其他工作的总时差应等于本工作与其各紧后工作之间的时间间隔加该紧后工作的总时差所得之和的最小值，即：

$$TF_i = \min\{TF_j + LAG_{i,j}\} \tag{3-15}$$

例如，在本例中，工作 H 和工作 D 的总时差分别为：$TF_4 = LAG_{4,7} + TF_7 = 3 + 1 = 4$。

(五)计算工作的自由时差

(1)终点节点所代表的工作的自由时差等于计划工期与本工作的最早完成时间之差，即：

$$FF_n = T_p - EF_n \tag{3-16}$$

(2)其他工作的自由时差等于本工作与其紧后工作之间时间间隔的最小值，即：

$$FF_i = \min\{LAG_{i,j}\} \tag{3-17}$$

根据上式可计算出所有工作的自由时差，标注于图 3-37 各相应节点的下部。

(六)工作最迟时间的计算

工作最迟时间的计算应从网络计划的终点节点开始，逆着箭线方向依次逐项进行。

(1)终点节点所代表的工作 n 的最迟完成时间 LF_n 应等于该网络计划的计划工期 T_p，即：

$$LF_n = T_p \tag{3-18}$$

(2)工作的最迟开始时间等于本工作的最迟完成时间与其持续时间之差，即：

$$LS_i = LF_i - D_i \tag{3-19}$$

(3)其他工作的最迟完成时间等于该工作各紧后工作最迟开始时间的最小值，即：

$$LF_i = \min\{LS_j\} \text{ 或 } LF_i = EF_i + TF_i \tag{3-20}$$

根据上述各式进行计算，可计算出各工作的最迟开始时间和最迟完成时间，标注于图 3-37 各相应的位置。

(七)确定网络计划的关键工作和关键线路

1. 关键工作的确定

单代号网络计划关键工作的确定方法与双代号的相同，即总时差为最小的工作为关键工作。按照这个规定，图 3-37 的关键工作是："1""3""5""8""9"共 5 项。

2. 关键线路的确定

从起点节点开始到终点节点均为关键工作，且所有工作的间隔时间均为零的线路即为关键线路。因此，图 3-37 的关键线路为：1-3-5-8-9。

在网络计划中，关键线路可以用粗箭线、双箭线或彩色箭线标出。

第四章 工程项目进度控制

第一节 工程项目进度控制概述

一、工程项目进度计划控制的指导思想

在进行项目进度计划控制时，施工企业必须明确一个指导思想：计划不变是相对的，变是绝对的；平衡是相对的，不平衡是绝对的。因此，施工企业必须经常地、定期地针对变化情况采取对策，对原有的进度计划进行调整。

世间万物都是处于运动变化之中，施工企业制订项目进度计划时所依据的条件也在不断变化之中。工程项目的进度受许多因素的影响，施工企业必须事先对影响进度的各种因素进行调查，预测它们对进度可能产生的影响，编制可行的进度计划，指导建设工作按进度计划进行。然而在进度计划执行过程中，必然会出现一些新的或意想不到的情况，它既有人为因素的影响，又有自然因素的影响和突发事件的发生，往往造成难以按照原定的进度计划进行。因此，施工企业不能认为制订了一个科学合理的进度计划后就一劳永逸，就放弃对进度计划实施的控制。当然，也不能因进度计划肯定要变，而对进度计划的制订不重视，忽视进度计划的合理性和科学性。正确的方法应该是，在确定进度计划制订的条件时，要具有一定的预见性和前瞻性，使制订出的进度计划尽量符合变化后的实施条件；在项目实施过程中，掌握动态控制原理不断进行验查，将实际情况与计划安排进行对比，找出偏离进度计划的原因，特别是找出主要原因，然后采取相应的措施。措施的确定有两个前提：一是通过采取措施，维持原进度计划，使之正常实施；二是采取措施后不能维持原进度计划，要对原进度计划进行调整或修正，再按新的进度计划实施。不能完全拘泥于原进度计划的完全实施，否则会适得其反，使实际进度计划总目标的根本目的难以达到，也就是要有动态管理思想。

这样不断地计划、执行、检查、分析、调整进度计划的动态循环过程，就是进度控制。

二、影响进度的因素分析

(一)影响进度的因素

影响工程项目进度的因素很多，可以归纳为人为因素，技术因素，材料、设备与构配件的因素，机具因素，资金因素，水文、地质与气象因素，其他环境、社会因素，

以及其他难以预料的因素等。其中人为因素影响很多，从产生的根源来看，有来源于建设单位和上级机构的；有来源于设计、施工及供货单位的；有来源于政府建设主管部门、有关协作单位和社会的；有来源于各种自然条件的。

常见的影响因素如下：

(1)业主使用要求改变或设计不当而进行设计变更。

(2)业主应提供的场地条件不能及时正常满足工程需要，如施工临时占地申请手续未及时办妥等。

(3)勘察资料不准确，特别是地质资料错误或遗漏而引起的未预料的技术障碍。

(4)设计、施工中采用不成熟的工艺、技术方案失当。

(5)图纸供应不及时、不配套或出现差错。

(6)外界配合条件有问题，交通运输受阻，水、电供应条件不具备等。

(7)计划不周，停工待料和相关作业脱节，导致工程无法正常进行。

(8)各单位、各专业、各工序之间交接、配合上的矛盾，打扰计划安排。

(9)材料、构配件、机具、设备供应环节的差错，品种、规格、数量、时间不能满足工程的需要。

(10)受地下埋藏文物的保护、处理的影响。

(11)社会干扰，如外单位邻近施工干扰、节假日交通、市容整顿的限制等。

(12)安全、质量事故的调查、分析、处理及争执的调节、仲裁等。

(13)向有关部门提出各种申请审批手续的延误。

(14)业主资金方面的问题，如未及时向施工企业或供应商拨款。

(15)突发事件影响，如恶劣天气、地震、临时停水、停电、交通中断等。

(16)业主越过监理职权无端干涉，造成指挥混乱。

(二)产生干扰的原因

产生各种干扰的原因可分三大类：

(1)错误地估计了工程项目的特点及项目实现条件，包括过高地估计了有利因素和过低地估计了不利因素，甚至对工程项目风险缺乏认真分析。

(2)工程项目决策、筹备与实施中各有关方面工作上的失误。

(3)不可预见事件的发生。

(三)影响因素按照干扰的责任和处理分类

按照干扰的责任及其助理，又可将影响因素分为以下两大类。

1. 工程延误

由于承包商自身的原因造成的施工工期延长，称为工程延误。

由于工程延误所造成的一切损失由承包商自己承担，包括承包商在监理工程师的同意下所采取加快工程进度的任何措施所增加的费用。同时，由于工程延误所造成的工期延长，承包商还要向业主支付误期损失补偿费。由于工程延误所延长的时间不属于合同工期的一部分。

2. 工程延期

由承包商以外的原因造成的施工期延长，称为工程延期。

经过监理工程师批准的延期，所延长的时间属于合同工期的一部分，即工程竣工的时间等于标书中规定的时间加上监理工程师批准的工程延期时间。可能导致工程延期的原因有：工程量增加，未按时向承包商提供图纸，恶劣的气候条件，业主的干扰和阻碍等。判断工程延期总的原则就是除承包商自身以外的任何原因造成的工程延长或中断。

工程中出现的工程延长是否为工程延期，对承包商和业主都很重要。因此应按照有关合同条件，正确地区分工程延误与工程延期，合理的确定工程延期时间。

三、进度控制的主要方法

工程项目进度控制的方法主要有行政方法、经济方法和管理技术方法等。

(一)进度控制的行政方法

用行政方法控制进度，是指上级单位、上级领导及本单位的领导，利用其行政地位和权力，通过发布进度指令，进行指导、协调、考核。利用激励手段（奖、罚、表扬、批评等），监督、督促等方式进行进度控制。

用行政方法进行进度控制，优点是直接、迅速、有效，但要提倡科学性，防止主观、武断、片面地瞎指挥。

行政方法控制进度的重点应当是进度控制目标的决策和指导，在实施中应由实施者自己进行控制，尽量减少行政干涉。

国家通过行政手段审批项目建议书和可行性研究报告，对重大项目或大中型项目的工期进行决策，批准年度基本建设计划、制定工期定额，招投标办公室批准标底文件中的开、竣工日期及总工期等，都是行之有效的控制进度的行政方法。

(二)进度控制的经济方法

进度控制的经济方法，是指有关部门和单位用经济手段对进度控制进行影响和制约，主要有以下几种：①建设银行通过投资投放速度控制工程项目的实施进度。②在承包合同中写进有关工期和进度的条款。③建设单位通过招标的进度优惠条件鼓励施工企业加快进度。④建设单位通过工期提前奖励和工期延误罚款实施进度控制，通过物资的供应进行进度控制等。

(三)进度控制的管理技术方法

进度控制的管理技术方法主要是监理工程师的规划、控制和协调。所谓规划，就是确定项目的总进度目标和分进度目标；所谓控制，就是在项目进展的全过程中，进行计划进度与实际进度的比较，发现偏离，及时采取措施进行纠正；所谓协调，就是协调参加工程建设各单位之间的进度关系。

四、进度控制的措施

进度控制的措施包括组织措施、技术措施、合同措施、经济措施和信息管理措施等。

(一)组织措施

工程项目进度控制的组织措施主要有以下几点：

(1)落实进度控制部门人员，明确具体控制任务和管理职责分工。

(2)进行项目分解，如按项目结构分，按项目进展阶段分，按合同结构分，并建立编码体系。

(3)确定进度协调工作制度，包括协调会议举行时间，协调会议参加人员等。

(4)对影响进度目标实现的干扰和风险因素进行分析。风险分析要有依据，主要是根据多年统计资料的积累，对各种因素影响进度的概率及进度拖延的损失值进行计算和预测，并考虑有关项目审批部门对进度的影响等。

(二)技术措施

工程项目进度控制的技术措施是指采用先进施工工艺、施工方法等加快施工进度。

(三)合同措施

工程项目进度控制的合同措施主要有分段发包、提前施工，以及合同的合同期与进度计划的协调等。

(四)经济措施

工程项目进度控制的经济措施是采用它以保证资金供应。

(五)信息管理措施

工程项目进度控制的信息管理措施主要是通过计划进度与实际进度的动态比较，收集有关进度的信息等。

五、建设项目进度控制实施系统

建设项目进度控制的实施系统如图4-1所示。建设单位委托监理单位进行进度控制。监理单位根据建设监理合同分别对建设单位、设计单位、施工企业的进度控制实施监督。各单位都按本单位编制的各种进度计划进行实施，并接受监理单位监督。各单位的进度控制实施又相互衔接和联系，进行合理而协调的运行，从而保证进度控制总目标的实现。

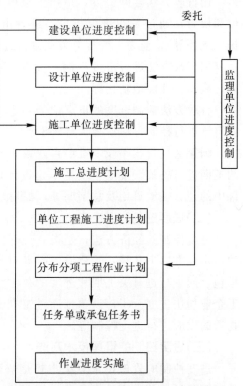

图4-1　建设项目进度控制实施系统

第二节　进度监测与调整的系统过程

一、进度监测的系统过程

在建设项目实施过程中，管理人员要经常监测进度计划的执行情况。进度检测系统过程包括以下工作(见图 4-2)。

(一)进度计划执行中的跟踪检查

跟踪检查的主要工作是定期收集反映实际工程进度的有关数据。收集的方式是：一是以报表的形式收集；二是进行现场实地检查。收集的数据质量要高，不完整或不正确的进度数据将导致不全面或不正确的决策。

为了全面准确地了解进度计划的执行情况，管理人员必须认真做好以下三方面的工作：

(1)经常定期地收集进度报表资料。进度报表是反应实际进度的主要方式之一，按进度建立制度规定的时间和报表内容，执行单位经常填写进度报表。管理人员根据进度报表数据了解工程实际进度。

(2)现场检查进度计划的实际执行情况。加强进度检测工作，掌握实际进度的第一手资料，使数据更准确。

(3)定期召开现场会议。定期召开现场会议，让管理人员与执行单位有关人员面对面了解实际进度情况，同时也可以协调有关方面的进度。

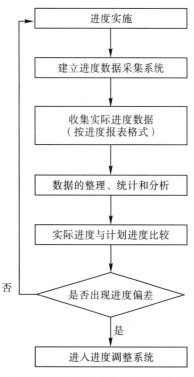

图 4-2 项目进度监测系统过程

究竟多长时间进行一次进度检查，这是管理人员应当确定的问题。通常进度控制的效果与收集信息资料的时间间隔有关，不经常定期的收集进度信息资料，就难以达到进度控制的效果。进度检查的时间间隔与工程项目的类型、规模、各相关单位有关条件等多方面因素有关。可视具体情况每月、每半个月或每周进行一次。在特殊情况下，甚至可能每天进行一次。

(二)整理、统计和分析收集的数据

收集的数据要进行整理、统计和分析，形成与计划具有可比性的数据。例如，根据本期检查实际完成量确定累计完成量、本期完成的百分比和累计完成的百分比等数据资料。

(三)实际进度与计划进度对比

实际进度与计划进度对比是将实际进度的数据与计划进度的数据进行比较。通常可以利用表格和图形进行比较，从而得出实际进度比计划进度拖后、超前还是一致。

二、进度调整的系统过程

在项目进度监测过程中一旦发现实际进度与计划进度不符，即出现进度偏差时，进度控制人员必须认真分析产生偏差的原因及对后续工作和总工期的影响，并采取合理的调整措施，以确保进度总目标的实现。

(一)分析产生进度偏差的原因

经过进度监测的系统过程，了解到实际进度产生了偏差。为了调整进度，管理人员应深入现场进行调查，分析产生偏差的原因。

(二)分析偏差对后续工作和总工期的影响

在查明生产偏差原因后，做必要的调整前要分析偏差对后续工作和总工期的影响，确定是否应当调整。

(三)确定影响后续工作和总工期的限制条件

在分析了对后续工作和总工期的影响后，需要采取一定的调整措施时，应当首先确定进度可调整的范围，主要指关键工作、关键线路、后续工作的限制条件，以及总工期允许变化的范围。它往往与签订的合同有关，要认真分析，尽量预防后续分包单位提出索赔。

(四)采取进度调整措施

采取进度调整措施，应以后续工作和总工期的限制条件为依据，对原进度计划进行调整，以保证要求的进度目标实现。

(五)实施调整后的进度计划

在工程继续实施中，将执行调整后的进度计划。管理人员要及时协调有关单位的关系，并采取相应的经济，组织与合同措施。

第三节　工程项目进度计划实施的分析对比

在通过检查收集到项目实际进度的有关数据资料后，应立即进行整理、统计和分析。得出实际完成工作量的百分比、累计完成工作量的百分比、当前项目的实际进展状况等，并与计划进度的相关数据进行对比。这种对比可用表格形式进行，也可用图形表示。由于利用图形进行进度对比非常直观、简便，所以采用较多。通常采用的图形比较法有：横道图比较法、S形曲线比较法、"香蕉"曲线比较法、横道图与"香蕉"曲线综合比较法、实际进度前锋线法等。

一、横道图比较法

在用横道图表示的项目进度计划表中，用不同颜色或不同线条将实际进度横道线直接画在计划进度的横道线之下，就可十分直观、明确地反映实际进度与计划进度的关系。如图4-3所示的就是某工程的进度计划及其实际实施情况。图中黑实线为计划进度，斜线为实际进度。从图中可知，在第8周末进行检查时，第1项、第2项两项工作已按实际完成；第3项工作只完成了2/3，与计划相比实际进度比计划进度已拖后2周；第4项工作只完成了1/7，与计划应完成2/7相比，实际进度比计划进度拖后了1周。因此，第3项、第4项工作必须采取相应措施，将工期追回。

这种比较方法直观、清晰，但只适用于各项工作都是匀速进行，即每单位时间内完成的工作量相等的情况。当工作安排为非匀速进行时，就要对横道图的表示方法稍作修改：即横道的长度只表示投入的工作时间，而所完成的工作量累计百分比在横道上下两侧用数字表示。

工作序号	工作名称	工作周数	施工进度（周）
			1 2 3 4 5 6 7 8 9 10 11 12 13 14 15 16 17 18 19 20 21
1	土方工程	2	
2	桩基础	4	
3	基础工程	3	
4	主体工程	7	
5	屋面工程	2	
6	装饰工程	6	
7	其他工程		

检查日期

图 4-3　某工程实际进度与计划进度的比较

二、S 形曲线比较法

对于大多数工程项目来讲，在其开始实施阶段和将要完成的阶段，由于准备工作及其他配合事项等因素的影响，其进展程度一般都比较缓慢，而在项目实施的中间阶段，一切趋于正常，进展程度也要稍快一些，其单位时间内完成的工作量曲线如图 4-4(a)所示。此时，其累计完成工作量曲线就为一个中间陡，而两头平缓的形如"S"的曲线，如图 4-4(b)所示。

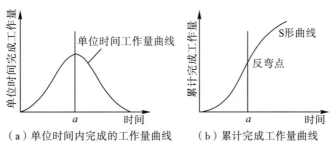

（a）单位时间内完成的工作量曲线　　（b）累计完成工作量曲线

图 4-4　时间与完成工作量关系曲线

当施工企业把计划进度和实际进度，用累计完成百分比曲线来表示时，即可得到图 4-5 所示的 S 形曲线比较图。通过分析可以看出：

（一）工作实际进度与计划进度的关系

如按工作实际进度描出的点在计划 S 形曲线左侧（如 a 点），则表示此时实际进度已比计划进度超前；反之，则表示实际进度比计划进度拖后（如 b 点）。

（二）实际进度超前或拖后的时间

从图中施工企业可以得知实际进度比计划进度超前或拖后的具体时间（如图中的 Δt_a 及 Δt_b）。

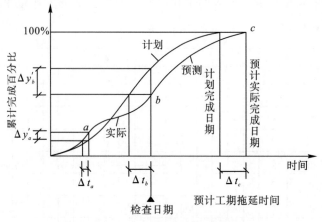

图 4-5　S形曲线比较图

（三）工作量完成情况

由实际完成的S形曲线上的一点与计划S形曲线相对应点的纵坐标可得知，此时已超额或拖欠的工作量的百分比差值（如图中的 $\Delta y'_a$ 及 $\Delta y'_b$）。

（四）后期工作进度预测

在实际进度偏离计划进度的情况下，如工作不调整，仍按原计划安排的速度进行（如图中虚线所示），则总工期必将超前或拖延，从图中施工企业也可得知此时工期的预测变化值（如图中的 Δt_c）。

三、"香蕉"曲线比较法

在绘制某个工程项目计划进度的累计完成工作量曲线时，当按各工作的最早开始时间得到一条S形曲线（简称ES曲线）后，在同一坐标上再按各工作的最迟开始时间绘制另一条S形曲线（简称LS曲线）。此时可发现，两条曲线除开始点和结束点重合外，其他各点，ES曲线皆在LS曲线的左侧，形如一只"香蕉"，如图4-6所示，所以称其为"香蕉"曲线。理想的工程项目实施过程，其实际进度曲线应处于香蕉状图形以内（如图4-6中的R曲线）。

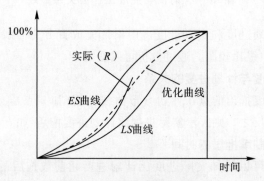

图 4-6　香蕉曲线比较图

利用"香蕉"曲线进行比较，所获得信息和 S 形曲线基本一致，但由于它存在按最早开始时间的计划曲线和最迟开始时间的计划曲线构成的合理进度区域，从而判断实际进度是否偏离计划进度及对总工期是否会产生影响更为明确、直观。

四、横道图与"香蕉"曲线综合比较法

横道图与"香蕉"曲线综合比较法，就是将横道图与"香蕉"曲线重叠绘制于同一图中，通过此图对实际进度进行比较。这种比较法最大的优点是既能反映工程项目中各项具体工作实际进度与计划进度的关系，又能反映工程项目本身总的进度与计划进度的关系。通过分析可以得到以下信息：

(1)通过横道图可以得知各项工作按最早开始和最迟开始时间的计划进度。

(2)通过"香蕉"曲线可以得知工程项目总体进度计划。

(3)通过横道图中实际进度线可以得知各项工作与计划进度的差距。

(4)通过工程项目实际进程的 S 形曲线位置，可以得知工程项目总体进度与计划进度的差距。

五、实际进度前锋线法

(一)用实际进度前锋线记录计划执行情况

实际进度前锋线法(简称前锋线)是我国首创的、用于时标网络计划的控制工具，它是在网络计划执行中的某一时刻正在进行的各项工作的实际进度前锋的连线。在时标网络图上绘制前锋线的关键是标定工作的实际进度前锋的位置。

前锋线应自上而下地从检查的时间刻度出发，用直线依次连接各项工作的实际进度前锋点，最后到达计划检查的时间刻度为止。前锋线可用彩色线标画，不同检查时刻绘制的相邻前锋线可采用不同颜色标画。

前锋线的标定方法有以下两种。

1. 按已完成的工程实物量比例标定

时标图上箭线的长度与相应工作的持续时间相对应，也与其工程实物量成正比。检查进度计划时，某工作的工程实物量完成了几分之几，其前锋线就从表示该工作的箭线起点自左至右标在箭线长度几分之几的位置。

2. 按完成该工作所需时间标定

有些工作的持续时间是难以按工程实物量来计算的，只能根据经验用其他办法来估算。要标定检查进度计划时的实际进度前锋位置，可采用原来的估算方法估算出该时刻到该工作全部完成尚需要的时间，从表示该工作的箭线末端反向自右至左标出前锋位置。

(二)在图上用文字或适当的符号记录

当采用无时标网络计划时，可在图上直接用文字、数字、适当符号或列表记录进

度计划实际执行情况。例如，如图 4 - 7 所示，图中点划线代表实际进度。方括号（[ ]）中数字表示在第 15 天结束时尚需要的作业天数。

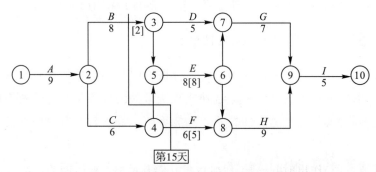

图 4 - 7 无时标网络计划进度计划检查记录方法

对网络计划的检查应定期进行，检查周期的长短应根据计划工期的长短和管理的需要来确定。定期检查根据计划的作业性和控制性程度不同，可按一日、双日、五日、周、旬、半月、一月、一季、半年等为周期。定期检查有利于检查的组织工作，既可使检查有计划性，还可使网络计划检查成为例行性工作。

应急检查是指当计划执行突然出现意外情况而进行的检查，或者是上级派人检查及进行特别检查。应急检查以后可采取"应急措施"，目的是保证资源供应、排除障碍等，以保证或加快原计划进度。

(三)网络计划检查的主要内容

(1)关键工作进度(为了采取措施调整或保证计划工期)。

(2)非关键工作进度及尚可利用的时差(为了更好地发掘潜力，调整或优化资源，并保证关键工作按计划实施)。

(3)实际进度对各项工作之间逻辑关系的影响(为了观察工艺关系或组织关系的执行情况，以进行适时地调整)。

(4)费用资料分析。

(四)网络计划检查结果分析

以表示检查计划时刻的日期线为基准线，前锋线可以看成描述实际进度的波形图。前锋线处于波峰上的线路相对于相邻线路超前，处于波谷上的线路相对于相邻线路落后；前锋点在基准线前面(右侧)的线路比原计划超前，在基准线后面(左侧)的线路比原计划落后。画出了前锋线，整个工程在该时刻的实际进度便一目了然。

以图 4 - 8 中第 Ⅰ 条线路为例，4 月 25 日检查时处于波峰，它相对于线路 Ⅱ 和线路 Ⅲ 超前，其前锋在基准线(4 月 25 日)之前，表示计划超前 1 天。5 月 10 日检查，它处于波谷，比线路 Ⅱ 落后，其前锋在基准线(5 月 10 日)之后，表示计划超期 1 天，但由于其存在总时差 9 天，不致影响该线路按期完成。

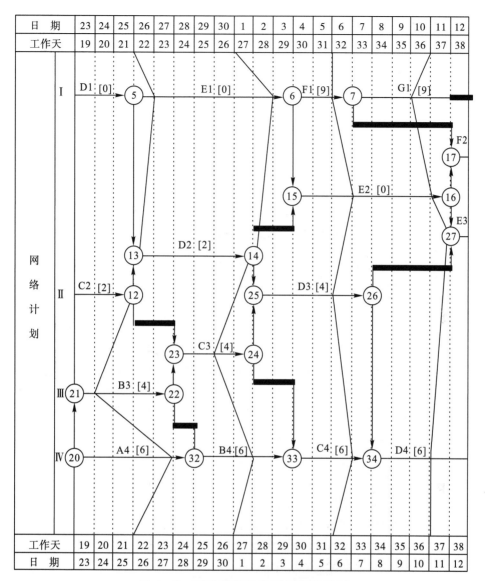

图 4-8 用前锋线检查时标网络计划

注：图中[ ]内数字为工作的总时差。

第四节 工程项目施工阶段的进度控制

施工阶段是工程实体的形成阶段，对其进度进行控制是整个工程项目建设进度控制的重点。做好施工进度计划与项目建设总进度计划的衔接，并跟踪检查施工进度计划的执行情况，在必要时对施工进度计划进行调整，对工程建设进度控制总目标的实现具有十分重要的意义。

工程管理人员进度控制的总任务就是在满足工程项目建设总进度计划要求的基础

上，编制或审核施工进度的计划，并对其执行情况加以动态控制，以确保工程项目按期竣工交付使用。

一、施工进度控制目标及其分解

保证工程项目按期建成交付使用，是工程建设施工阶段进度控制的最终目标。为了有效地控制施工进度，首先要对施工进度总目标从不同角度进行层层分解，形成施工进度控制目标体系，从而作为实施进度控制的依据。

工程建设施工进度控制目标体系，如图4-9所示。

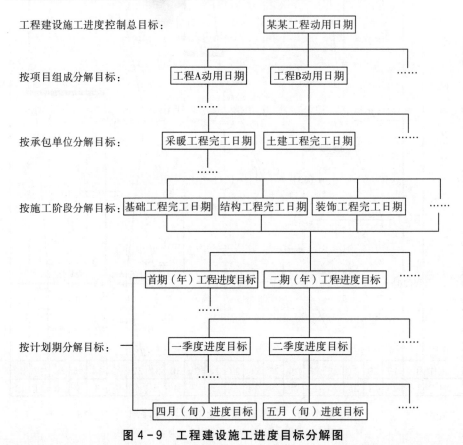

图4-9 工程建设施工进度目标分解图

从图4-9中可以看出，工程建设不但要有项目建成交付使用的确切日期这个总目标，还要有各单项工程交工动用的分目标，以及按承包单位、施工阶段和不同计划期划分的分目标。各目标之间相互联系，共同构成工程建设施工进度控制目标体系。其中，下级目标受上级目标的制约，下级目标保证上级目标的实现，最终保证施工进度总目标的实现。

(一)按项目组成分解，确定各项工程开工及动用日期

各单项工程的进度目标在工程项目建设进度计划及工程建设年度计划中都有体现。在施工阶段应进一步明确各单项工程的开工和交工动用日期，以确保施工总进度目标

的实现。

（二）按承包单位分解，明确分工条件和承包责任

在一个单项工程中有多个承包单位参加施工时，应按承包单位将单项工程的进度目标分解，确定出各分包单位的进度目标，并列入分包合同，以便落实分包责任，并根据各个专业工程交叉施工方案和前后衔接条件，明确不同承包单位工作面交接的条件和时间。

（三）按施工阶段分解，划分进度控制分界点

根据工程项目的特点，应将施工分成几个阶段，如土建工程可分为基础、结构和内外装修等阶段。每一阶段的起止时间都要有明确的标志。特别是不同单位承包的不同施工段之间，更要明确划定时间分界点，以此作为形象进度的控制标志，从而使单项工程进度目标具体化。

（四）按计划期分解，组织综合施工

将工程项目的施工进度控制目标按年度、季度、月（或旬）度进行分解，并用实物工程量、货币工作量及形象进度表示，将更有利于工程管理人员对各承包单位的进度要求。同时，还可以据此监督其实施，检查其完成情况。计划期越缩短，进度目标越细，进度跟踪就越及时，发生进度偏差时就更能有效地采取措施予以纠正。这样，就形成一个有计划、有步骤地协调施工，长期目标对短期目标自上而下逐级控制，短期目标对长期目标自上而下逐级保证，逐步趋近进度总目标的局面，最终达到工程项目按期竣工交付使用的目的。

二、施工进度控制目标的确定

为了提高进度计划的预见性和进度控制的主动性，在确定施工进度控制目标时，必须全面、细致地分析与工程项目进度有关的各种有利因素和不利因素。只有这样，才能制定出一个科学、合理的进度控制目标。确定施工进度控制目标的主要依据有：工程建设总进度目标对施工工期的要求，工期定额、类似工程项目的实际进度，工程难易程度和工程条件的落实情况等。在确定施工进度分解目标时，还要考虑以下六个方面：

（1）对于大型工程建设项目，应根据尽早分期分批交付使用的原则，集中力量分期分批建设，以便尽早投入使用，尽快发挥投资效益。这时，为保证每一期交付使用部分能形成完整的生产能力，就要考虑这些部分交付使用时所必需的全部配套项目。因此，要处理好前期动用和后期建设的关系，每期工程中主体工程与辅助及附属工程之间的关系等。

（2）合理安排土建与设备的综合施工。要按照它们各自的特点，合理安排土建施工与设备基础、设备安装的先后顺序及搭接、交叉或平行作业，明确设备工程对土建工程的要求和土建工程为设备工程提供施工条件的内容及时间。

（3）结合本工程的特点，参考同类工程建设的经验来确定施工进度目标。避免只按主观愿望盲目确定进度目标，从而在实施过程中造成进度失控。

（4）做好资金供应能力、施工力量配备、物资(材料、构配件、设备)供应能力与施工进度需要的平衡工作，以确保工程进度目标的要求而不使其落空。

（5）考虑外部协作条件的配合情况。包括施工过程中及项目竣工交付使用所需的水、电、气、通信、道路及其他社会服务项目的满足程序和满足时间。它们必须与有关项目的进度目标相协调。

（6）考虑工程项目所在地区的地形、地质、水文、气象等方面的限制条件。

总之，要想对工程项目的施工进度实施控制，就必须有明确合理的进度目标。

三、工程项目施工进度控制工作流程

工程项目施工进度控制工作流程，如图 4-10 所示。

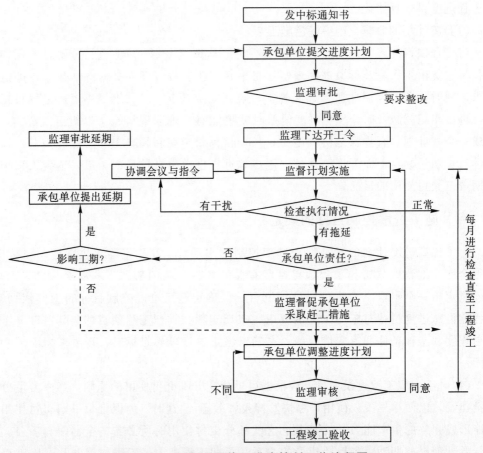

图 4-10 工程项目施工进度控制工作流程图

四、工程项目施工进度控制工作内容

工程项目的施工进度从审核承包单位提交的施工进度计划开始，直至工程项目保修期满为止，其工作内容主要有以下几点。

（一）编制施工阶段进度控制工作细则

施工进度控制工作细则主要内容包括以下几点：

（1）施工进度控制目标分解图。

（2）施工进度控制的主要工作内容和深度。

（3）施工进度控制人员的具体分工。

（4）施工进度控制有关各项工作的时间安排及工作流程。

（5）施工进度控制的方法（包括进度检查日期、数据收集方式、进度报表格式、统计分析方法等）。

（6）施工进度控制的具体措施（包括组织措施、技术措施、经济措施及合同措施等）。

（7）施工进度控制目标实现的风险分析。

（8）尚待解决的有关问题。

（二）编制或审核施工进度计划

施工总进度计划应确定分期分批的项目组成；各批工程项目的开工、竣工顺序及时间安排；全场性准备工程，特别是首批准备工程的内容与进度安排等。

施工进度计划审核的内容主要有以下几点：

（1）施工进度安排是否符合工程项目建设总进度计划中总目标和分目标的要求，是否符合施工合同中开工、竣工日期的规定。

（2）施工总进度计划中的项目是否有遗漏，分期工程是否满足分批交付使用的需要和配套交付使用的要求。

（3）施工顺序的安排是否符合施工程序的要求。

（4）劳动力、材料、构配件、机具和设备的供应计划是否能保证进度计划的实现，供应是否均衡，需求高峰期是否有足够能力实现计划供应。

（5）业主的资金供应能力是否能满足进度需要。

（6）施工进度的安排是否与设计单位的图纸供应进度相一致。

（7）业主应提供的场地条件及原料和设备，特别是国外设备的到货与进度计划是否衔接。

（8）分包单位分别编制的各项单位工程施工进度计划之间是否相协调，专业分工与计划衔接是否明确合理。

（9）施工进度安排是否合理，是否有造成违约而导致索赔的可能存在。

（三）按年、季、月编制工程综合计划

在按计划编制的施工进度计划中，工程管理人员应着重解决各承包单位施工进度计划之间，施工进度计划与资源（包括资金、设备、机具、材料及劳动力）保障计划之间及外部协作条件的延伸性计划之间的综合平衡与相互衔接问题。并根据上期计划的完成情况对本计划作必要的调整，从而作为承包单位近期执行的指令性计划。

（四）下达工程开工令

监理工程师应根据承包单位和业主双方关于工程开工的准备情况，选择合适的时机发布工程开工令。工程开工令的发布要尽可能及时，应为从发布工程开工令之日起加上合同工期后即为工程竣工日期。如果开工令拖延就等于推延了竣工时间，甚至可能引起承包单位的索赔。

为了检查双方的准备情况，在一般情况下应由监理工程师组织召开由业主和承包单位参加的第一次工地会议。业主应按照合同规定，做好征地拆迁工作，及时提供施工用地。同时还应当完成法律及财务手续，以便能及时向承包单位支付工程预付款。承包单位应当将开工所需要的人力、材料及设备准备好，同时还要按合同规定为监理工程师提供各种开工条件。

（五）协助承包单位实施进度计划

工程管理人员要随时了解施工进度计划执行过程中所存在的问题，并帮助承包单位予以解决，特别是承包单位无力解决的内外关系协调问题。

（六）监督施工进度计划的实施

这是工程项目施工阶段进度控制的经常性工作。工程管理人员不仅要及时检查承包单位报送的施工进度报表和分析资料，同时还要进行必要的现场实地检查，核实所报送的已完成项目时间及工程量，杜绝虚报现象。

在对工程实际进度资料进行整理的基础上，工程管理人员应将其与计划进度相比较，以判定实际进度是否出现偏差。如果出现进度偏差，工程管理人员应进一步分析此偏差对进度控制目标的影响程度及其产生的原因，以便研究对策，提出纠偏措施。必要时还应对后期工程进度计划作适当的调整。

（七）组织现场协调会

工程管理人员应每月、每周定期召开现场协调会议，以解决工程施工过程中的相互协调配合问题。在每月召开的高层协调会上通报工程项目建设中的变更事项，协调其后果处理，解决各个承包单位之间，以及业主与承包单位之间的重大协调配合问题。在每周召开的管理层协调会上，通报各自进度状况、存在的问题及下周的安排，解决施工中的相互协调配合问题。通常包括：各承包单位之间的进度协调问题，工作面交接和阶段成品保护责任问题，场地与公用设施利用中的矛盾问题，某一方面断水、断电、断路、开挖要求对其他方面的协调问题，以及资源保障、外协条件配合问题等。

在平行、交叉施工企业多，工序交接频繁且工期紧迫的情况下，现场协调会甚至需要每日召开。在会上通报和检查当天的工程进度，确定薄弱环节，布署当天的赶工任务，以便为次日正常施工创造条件。

对于某些未曾预料的突发变故或问题，工程管理人员还可以通过发布紧急协调指令，督促有关单位采取应急措施，以维护工程施工的正常秩序。

（八）签发工程进度款支付凭证

工程管理人员应对承包单位申报的已完成分项工程量进行核实，在质量监理人员通过检查验收后签发工程进度款支付凭证。

（九）审批工程延期

造成工期进度拖延的原因有两方面：一是由于承包单位的自身原因；二是由于承

包单位以外的原因。前者所造成的进度拖延，称为工期延误；而后者所造成的进度拖延，称为工程延期。

1. 工期延误

当出现工期延误，工程管理人员有权要求承包单位采取有效措施加快施工进度。如果经过一段时间后，工程实际进度没有明显改进，仍然拖后于计划进度，而且显然将影响工程按期竣工时，工程管理人员应要求承包单位修改进度计划，并提交工程管理人员重新确认。

工程管理人员对修改后的施工进度计划的确认，并不是对工程延期的批准，它只是要求承包单位在合理的状态下施工。因此，工程管理人员对进度计划的确认，并不能解除承包单位应负的所有责任，承包单位需要承担赶工的全部额外开支和误期损失赔偿。

2. 工程延期

如果由于承包单位以外的原因造成工期拖延，承包单位有权提出延长工期的申请。工程管理人员应根据合同规定，审批工期延期时间。经工程管理人员核实批准的工程延期时间，应纳入合同工期，作为合同工期的一部分。即新的合同工期应等于原定的合同工期加上工程管理人员批准的工程延期时间。

工程管理人员对于施工进度的拖延，是否为工程延期，对承包单位和业主都十分重要。如果承包单位得到工程管理人员批准的工程延期，不仅可以不赔偿由于工期延长而支付的误期损失费，而且还要由业主承担由于工程延期所增加的费用。

(十)向业主提供进度报告

工程管理人员应随时整理进度资料，并做好工程记录，定期向业主提交工程进度报告。

(十一)督促承包单位整理技术资料

工程管理人员要根据工程进展情况，督促承包单位及时整理有关技术资料。

(十二)审批竣工申请报告，协助组织竣工验收

当工程竣工后，工程管理人员应审批承包单位在自行预验基础上提交的初验申请报告，组织业主和设计单位进行初验。在初验通过后填写初验报告及竣工申请书，并协助业主组织工程项目的竣工验收，编写竣工验收报告书。

(十三)处理争议和索赔

在工程结算过程中，工程管理人员要处理有关争议和索赔问题。

(十四)整理工程进度资料

在工程完工以后，工程管理人员应将工程进度资料收集起来，进行归类、编目和建档，以便今后为其他类似工程项目的极度控制提供参考。

(十五)工程移交

工程管理人员应督促承包单位办理工程移交手续，颁发工程移交证书。在工程移交后的保修期内，还要处理验收后出现质量问题的原因即责任等争议问题，并督促责任单位及时处理。当保修期结束且在无争议时，工程项目进度控制的任务即告完成。

五、施工进度计划实施中的检查与调整

施工进度计划由承包单位编制完成后,应提交给监理工程师审查,待监理工程师审查确定后即可付诸实施。

(一)影响工程项目施工进度的因素

为了对工程项目的施工进度进行有效地控制,工程管理人员必须在施工进度计划实施之前对影响工程项目施工进度的因素进行分析,进而提出保证施工进度计划实施成功的措施,以实现对工程项目施工进度的主动控制。影响工程项目施工进度的因素有很多,归纳起来,主要有以下几个方面。

1. 工程建设相关单位的影响

影响工程项目施工进度的单位不只是施工承包单位。事实上,只要是与工程建设有关的单位(如政府有关部门、业主、设计单位、物资供应单位、资金贷款单位,以及运输、通信、供电部门等),其工作进度的拖后将对施工进度产生影响。因此,控制施工进度仅考虑施工承包单位是不够的,必须协调好各相关单位之间的进度关系。而对于那些无法进行协调控制的进度关系,在进度计划的安排中应留有足够的机动时间。

2. 物资供应进度的影响

施工过程中需要的材料、构配件、机具和设备等如果不能如期运抵施工现场或者是运抵施工现场后发现其质量不符合有关标准的要求,都会对施工进度产生影响。因此,工程管理人员应严格把关,采取有效措施控制好物资供应进度。

3. 资金的影响

工程施工的顺利进行必须要有足够的资金作保障。一般来说,资金的影响主要来自业主,或者是由于没有及时给足工程预付款,或者是由于拖欠了工程进度款,这些都会影响到承包单位流动资金的周转,进而殃及施工进度。工程管理人员应根据业主的资金供应能力,安排好施工进度计划,并督促业主及时拨付工程预付款和工程进度款,以免因资金供应不足拖延进度,导致工期延误索赔。

4. 设计变更的影响

在施工过程中出现设计变更是难免的,或者是由于原设计有问题需要修改,或者是由于业主提出了新的要求,或者是工程承包单位提出了合理化建议等。工程管理人员应加强图纸审查,严格控制随意变更。

5. 施工条件的影响

在施工过程中一旦遇到气候、水文、地质及周围环境等方面的不利因素,必然会影响到施工进度。此时,承包单位应利用自身的技术组织能力予以克服。

6. 各种风险因素的影响

风险因素包括政治、经济、技术及自然等方面的各种可预见或不可预见的因素。政治方面的有罢工、拒付债务制裁等,经济方面的有延迟付款、汇率浮动、换汇控制、通货膨胀、分包单位违约等,技术方面的有工程事故、试验失败、标准变化等,自然方面的有地震、洪水等。工程管理人员必须对各种风险因素进行分析,提出控制风险、

减少风险损失及对施工进度影响的措施，并对发生的风险事件给予恰当的处理。

7. 承包单位自身管理水平的影响

施工现场的情况千变万化，如果承包单位的施工方案不当、计划不周、管理不善、解决问题不及时等，都会影响工程项目的施工进度。承包单位应通过总结、分析吸取教训，及时改进。

正是由于上述因素的影响，才使得施工阶段的进度控制显得非常重要。在施工进度计划的实施过程中，工程管理人员一旦掌握了工程的实际进展情况，以及产生问题的原因之后，其影响是可以得到控制的。当然，上述某些影响因素，如自然灾害是无法避免的，但在大多数情况下，其损失是可以通过有效的进度控制而得到弥补的。

(二)施工进度的检查与监督

在施工进度计划的实施过程中，由于各种因素的影响，常常会打乱原始计划的安排而出现进度偏差。因此，监理工程师必须定期地、经常地对施工进度计划的执行情况进行检查和监督，并分析进度偏差产生的原因，以便为施工进度计划的调整提供必要的信息。

1. 施工进度的检查方式

在工程项目的施工过程中，工程管理人员可以通过以下方式获得工程项目的实际进展情况。

(1)定期、经常地收集有关进度报表、资料：报表的内容根据施工对象及承包方式的不同而有所区别，但一般应包括工作的开始时间、完成时间、持续时间、逻辑关系、实物工程量和工作量，以及工作时差的利用情况等。

(2)现场跟踪检查工程项目的实际进展情况：视工程项目的类型、规模、施工现场的条件等多方面的因素，来确定每隔多长时间检查一次。可以每月或每半个月检查一次，也可以每旬或每周检查一次。如果在一施工阶段连续出现不利情况时，甚至需要每天检查。

除上述两种方式外，召开现场会议也是获得工程项目实际进展情况的一种方式。通过这种面对面交谈，工程管理人员可以从中了解到施工过程的潜在问题，以便及时采取相应的措施加以预防。

2. 施工进度的检查方法

施工进度检查的主要方法是对比法。即利用前面的所述方法将经过整理的实际进度数据与计划进度数据进行比较，从中发现是否出现进度偏差，以及出现进度偏差的大小。

通过检查分析，如果进度偏差比较小，应在分析其产生原因的基础上采取有效措施，解决矛盾，排除障碍，继续执行原进度计划。如果经过努力，确实不能按原计划实现时，再考虑对原计划进行必要的调整，即适当延长工期，或改变施工速度。计划的调整一般是不可避免的，但应当慎重，尽量减少变更计划性的调整。

3. 施工进度计划的调整

通过检查分析，如果发现原有进度计划已不能适应实际情况时，为了确保进度控制目标的实现，需要确定新的计划目标，就必须对原有进度计划进行调整，以形成新的进度计划，作为进度控制的新依据。

施工进度计划的调整方法如前所述，主要有两种：一是通过压缩关键工作的持续时间来缩短工期；二是通过组织搭接作业或平行作业来缩短工期。在实际工作中应根据具体情况选用上述方法进行进度计划的调整。

(1)压缩关键工作的持续时间：这种方法的特点是不改变工作之间的先后顺序关系，而通过缩短网络计划中关键线路上关键工作的持续时间来缩短工期。这时通常需要采取一定的措施来达到目的。

(2)组织搭接作业或平行作业：这种方法的特点是不改变工作的持续时间，而只改变工作的开始时间和完成时间。对于大型工程项目，由于其单位工程较多相互间的制约比较小，可调整的幅度比较大，所以容易采取用平行作业的方法来调整施工进度计划。而对于单位工程项目，由于受工作之间工艺关系的限制，可调整的幅度比较小，所以通常采用搭接作业的方法来调整施工进度计划。但无论是搭接作业还是平行作业，工程项目在单位时间内的资源需求量都会增加。

除了分别采用上述两种方法来缩短工期外，有时由于工期拖得太久，当采用某种方法进行调整，其可调整的幅度又受到限制时，还可以同时利用这两种方法对同一施工进度计划进行调整以满足工期目标的要求。

六、工程延期

在工程项目的实施过程中其工期的延长有两种情况：工期延误和工程延期。虽然它们都是工程拖期，但性质不同，因而业主与承包单位所承担的责任也就不同。如果是属于工期延误，则造成的一切损失均应由承包单位承担。同时，业主还有权对承包单位施行违约误期罚款。而如果是属于工程延期，则承包单位不仅有权要求延长工期，而且有权向业主提出赔偿费用的要求，以弥补由此造成的额外损失。

(一)工程延期的申报与审批

1. 工程延期的申报条件

由于以下原因导致工程延期，承包单位有权提出延长工期的申请。

(1)由于工程设计变更而导致工程量增加。

(2)合同中所涉及的任何可能造成工程延期的原因，如延期交图，工程暂停、对合格工程的剥离检查及不利的外界条件等。

(3)异常恶劣的气候条件。

(4)业主造成的任何延误、干扰或障碍，如未及时提供施工场地、未及时付款等。

(5)除承包单位自身以外的其他任何原因。

2. 工程延期的审批程序

工程延期的审批程序如图4-11所示。当工程延期事件发生后，承包单位应在合同规定的有效期内以书面形式(即工程延期意向通知)通知监理工程师，以便于监理工程师尽早了解所发生的事件，及时作出一些减少延期损失的决定。随后，承包单位应在合同规定有效期内(或监理工程师可能同意的合理期限内)向监理工程师提交详细的申诉报告(延期理由及依据)。监理工程师收到该报告后应及时进行调查核实，准确地确定出工程延期的时间。

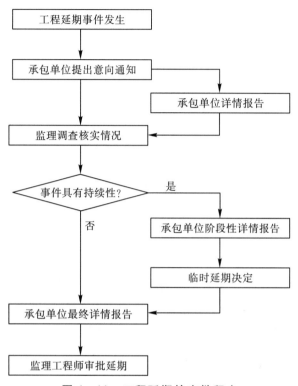

图 4-11 工程延期的审批程序

当延期事件具有持续性，承包单位在合同规定的有效期内不能提交最终详细的申报时，应先向监理工程师提交阶段性详情报告。监理工程师应在调查核实阶段性报告的基础上，尽快作出延长工期的临时决定。临时决定的延长工期时间不宜太长，一般不应超过最终批准的延长时间。

待延期事件结束后，承包单位应在合同规定的期限内向监理工程师提交最终的详情报告。监理工程师应复查详情报告的全部内容，然后确定延长工期时间所需的延期时间。

如果遇到比较复杂的延期事件，监理工程师可以成立专门的小组进行处理。对于一时难以作出结论的延期事件，即使不属于持续性的事件，也可以采用先作出临时延期的决定，然后再作出最后决定的办法。这样既可以保证有充足的时间处理延期事件，又可以避免由于处理不及时而造成的损失。

3. 工程延期的审批原则

在审批工程延期时应遵循下列原则：

(1)合同原则：监理工程师批准的工程延期必须符合合同条件。也就是说，导致工程拖延的原因确实是属于承包单位自身以外的，否则不能批准为工程延期。这是审批工程延期的一条根本原则。

(2)关键线路：发生延期事件的工程部位，必须在施工进度计划的关键线路上时，才能批准工程延期。如果工程延期发生在非关键线路上，且延长的时间并未超过其总时差时，即使符合批准为工程延期的合同条件，也不能批准工程延期。应当说明，工程项目的关键线路并非固定不变，它会随着工程的进展和情况的变化而转移。

(3)实际情况：批准的工程延期必须符合实际情况。为此，承包单位应对延期事件发生后的各类有关细节进行详细的记载，并及时向监理工程师提交详细报告。与此同时，监理工程师也应对施工现场进行详细考察和分析，并做好有关记录，从而为合理确定工程延期时间提供可靠的依据。

(二)工程延期的控制

发生工程延期事件，不仅影响工程的进展，而且会给业主带来损失。因此，应做好以下工作，以减少或避免工程延期事件的发生。

1. 选择合适的时机下达工程开工令

监理工程师在下达开工令之前，应充分考虑业主的前期准备工作是否充分。特别是征地、拆迁问题是否已解决，设计图纸是否能及时提供，以及付款方面有无问题等，以避免由于上述问题缺乏准备而造称工程延期。

2. 业主严格履行承包合同中所规定的职责

在施工过程中，业主应严格履行自己的职责，提前做好施工场地及设计图纸的提供工作，并能及时支付工程进度款，以减少或避免由此而造成的工程延期。

3. 妥善处理工程延期事件

当延期事件发生以后，应根据合同规定尽量妥善处理。既要尽量减少工程延期事件及其损失，又要在详细调查研究的基础上合理批准工程延期时间。

此外，业主在施工过程中应尽量减少干预，多协调，以避免由于业主的干扰和阻碍而导致延期事件的发生。

(三)工期延误的制约

如果由于承包单位自身的原因造成工期拖延，而承包单位又未按照监理工程师的指令改变延期状态时，按照FIDIC合同条件的规定，通常可以采用下列手段予以制约：

1. 停止付款

按照FIDIC合同条件规定，当承包单位的施工活动不能使监理工程师满意时，监理工程师有权拒绝承包单位的支付申请。因此，当承包单位的施工进度拖后，又不采取积极措施时，监理工程师可以采取停止付款的手段制约承包单位。

2. 误期损失赔偿

停止付款一般是监理工程师在施工过程中制约承包单位延误工期的手段，而误期损失赔偿则是当承包单位未能按合同规定的工期完成合同范围内的工作时对其进行的处罚。按照FIDIC合同条件规定，如果承包单位未能按合同规定的工期和条件完成整个工程，则应向业主支付投标书附件中规定的金额，作为该项违约的损失赔偿费。

3. 终止对承包单位的雇佣

为了保证合同工期，FIDIC合同条件规定，如果承包单位严重违反合同，而又不采取补救措施，则业主有权终止对他的雇佣。例如，承包单位接到监理工程师的开工通知后，无正当理由推迟开工时间，或在施工过程中无任何理由要求延长工期，施工进度缓慢，又无视监理工程师的书面警告等，都有可能受到终止雇佣的处罚。

终止雇佣是对承包单位违约的严厉制裁。因此业主一旦中止了对承包单位的雇佣，承包单位不但要被驱逐出施工现场，还要承担由此而造成的业主的损失。

第五章 工程案例分析

第一节 某乳制品产业项目建筑工程

一、工程概况

某乳制品产业项目工程概况如表5-1所示。

表5-1 某乳制品产业项目工程概况表

工程名称	某乳制品产业项目建筑工程施工总承包
建设地址	黑龙江省大庆市
质量要求	工程验收符合验收规范的要求，一次验收合格率100%
建设范围	包含所有土建工程(含土石方工程、砌筑工程、钢筋混凝土工程、门窗工程、扶手工程、屋面、防水工程、油漆、涂料及其他装饰工程等)、钢结构工程(包含主结构、次结构、维护结构、包边包件等)、装饰装修、水暖、电气、照明、防雷工程等、给排水、通风(主要包含防排烟及卫生间等公共区域通风)、消防工程、装饰装修工程、空调工程预埋线管、基础等设施、厂区道路及硬化、厂区管网等工程 (1)图纸内所有的土方、钢筋、混凝土、砌体、楼梯、设备基础、台阶、散水、坡道等全部土建工程 (2)图纸内所有的内外墙面、玻璃幕墙、地面、楼面、门窗、隔断、吊顶等的装饰装修工程 (3)消火栓、喷淋、消防应急照明、消防弱电、消防防排烟等消防系统 (4)图纸内所有的给水系统、排水系统和雨水管等 (5)图纸内所有的电气照明及配套设施等电气系统 (6)图纸内所有的通风等暖通系统 (7)卫生间、淋浴间和更衣室的配套设施等 (8)钢结构部分内隔断以下坎墙，钢结构之间的砌体隔墙，楼层板混凝土，独立柱预埋螺栓 (9)全部的主次钢构，彩钢板屋面和墙面、彩钢板隔墙，钢结构天沟，夹芯板吊顶，保温板隔断，冷库板 (10)厂区道路、硬化、给水管网、弱电管网、电缆预埋管、消防及喷淋管网、雨水管网、污水、中水管网等

二、施工部署

(一)施工部署原则

本工程为乳制品产业项目建筑工程施工总承包工程，主要施工内容为土建、钢结构、装饰、暖通、给排水、照明、道路等图纸及工程量清单所示的全部内容。根据招标文件的进度要求及基本建设程序，确定本工程"分区实施，齐头并进；流水施工，专业穿插"的总体施工程序。按施工阶段分别将整个工程划分为 2 个施工分区，主厂房(1区)和其余小单体(2区)，按照施工分区来安排施工力量，使各个施工分区的施工能达到齐头并进、同步实施的效果；依据施工分区再将每个施工分区划分为若干个施工段，每一施工分区内的各个施工段组织流水作业，有效组织劳动力、材料和机械设备的投入，同时为项目总体考虑，使钢结构、消防工程等专业的进场就位提前提供条件，最终确保总体工期的实现。

(二)施工阶段划分

1. 第一阶段：施工准备阶段

本阶段施工企业确定测量基准点及红线位置，布设测量控制网，对场地进行放线定位；按照施工总平面布置图，搭建施工现场的生活和生产临建；组织施工人员和材料、机具的进场等准备工作，临时围挡施工及临时道路的修筑等。

工期节点：2022 年 5 月 15 日前。

2. 第二阶段：基础施工阶段

本阶段施工内容主要有：土方开挖、垫层施工、基础施工、结构施工、厂房的钢结构开始进料加工。

工期节点：2022 年 5 月 15 日至 7 月 31 日。

3. 第三阶段：地上主体结构施工阶段

本阶段主要施工内容为：钢结构主体、砌体、彩钢板、发泡水泥复合板。

工期节点：2022 年 7 月 31 日至 12 月 31 日。

4. 第四阶段：配套工程施工阶段

SBS 防水卷材、门窗、装饰、暖通、给排水、消防水、电气、弱电、动力管道、清单增加基础等配套施工随结构施工进展及时插入。

工期节点：2022 年 7 月 16 日至 2023 年 6 月 30 日。

5. 施工组织分区及施工顺序

基础施工顺序将按照基础施工的顺序进行，分为主厂房(1区)及其余小单体(2区)两个施工区域。

土方开挖、基础施工(1区)方向由南向北依次施工。

其中 1 区施工顺序本着"先地下，后地上"的原则，施工区域有 B1、B2、B3 区为文化展示区、实验室、门厅、展示区、辅助用房等，为框架结构。E 区生产车间同样为框架结构，L 区为设备基础，应同时一起完成施工。其中 B1、B2、B3 区布置 3 台 QU63 型塔吊，E 区采用一台 QU63 型塔吊。

厂房的基础按照以下示意图顺序完成。

钢结构厂房吊装施工时框架结构外部结构应合作完成，由于部分钢结构厂房距离框架结构距离较近，且 F 区与 C 区距离较近，所以施工时合理调整施工。施工分为两个班组，由于 J 区、K 区厂房标高较低，所以钢结构主体的吊装顺序由 J 区、K 区开始，如图 5-1 所示方向。施工班组一在 J 区施工班组吊装完成后，吊装 G 区。J 区、G 区吊装相对独立，吊装结束后吊装 F 区，最后吊装 D 区。施工班组二在 K 区吊装完成后，开始按图所示吊装 C 区，施工班组二吊装时，做好对 B1 区、B2 区、B3 区成品保护。C 区吊装完成后，吊装 A 区。厂房外部维护结构、配套附属工程施工按照图 5-1 所示施工。

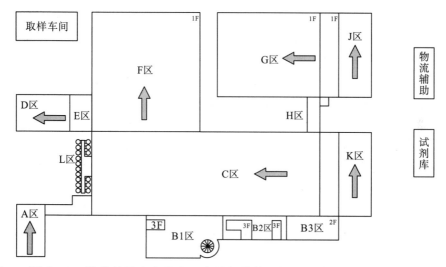

图 5-1 某乳制品产业项目厂房外部维护结构、配套附属工程施工图

三、施工总进度计划

计划工期目标：411 日历天。计划开工日期：2022 年 5 月 15 日。计划竣工日期：2023 年 6 月 30 日。

(一)本工程施工安排

工程施工安排具体如表 5-2 所示。

表 5-2 某乳制品产业项目建筑工程施工安排表

编号	工作名称	持续时间(天)	开始时间	结束时间	备注
1	土石方工程	17	2022 年 5 月 15 日	2022 年 5 月 31 日	
2	混凝土工程	139	2022 年 6 月 1 日	2022 年 10 月 17 日	
3	维护结构	101	2022 年 8 月 20 日	2022 年 11 月 28 日	
4	钢结构加工	78	2022 年 5 月 16 日	2022 年 8 月 1 日	

编号	工作名称	持续时间(天)	开始时间	结束时间	备注
5	钢结构厂房施工	154	2022 年 7 月 5 日	2022 年 12 月 5 日	
6	配套专业施工	355	2022 年 7 月 1 日	2023 年 6 月 20 日	
7	室外工程	293	2022 年 9 月 1 日	2023 年 6 月 20 日	
8	现场清理	10	2023 年 6 月 14 日	2023 年 6 月 5 日	
9	联合负荷试运行	6	2023 年 6 月 20 日	2023 年 6 月 15 日	
10	竣工验收	10	2023 年 6 月 21 日	2023 年 6 月 30 日	

(二)主要分部分项工程工期要求

主要分部分项工程其要求如表 5-3 所示。

表 5-3　某乳制品产业项目建筑工程施工主要分部分项工程工期要求表

序号	工程项目名称	里程碑时间	备注
1	正式开始施工	2022 年 5 月 15 日	
2	主厂房基础完成	2022 年 8 月 30 日	
3	道路路基完成	2022 年 9 月 11 日	
4	办公楼封顶	2022 年 10 月 27 日	
5	办公楼二次结构完成	2022 年 11 月 28 日	
6	主厂房钢结构吊装完成	2022 年 11 月 20 日	
7	主厂房屋面、墙面封闭	2022 年 12 月 5 日	
8	前处理设备具备安装条件	2022 年 12 月 1 日	
9	空压机、变压器、配电柜具备安装条件	2022 年 12 月 5 日	
10	其他单体基础完成	2022 年 7 月 15 日	
11	其他单体封闭完成	2022 年 10 月 20 日	
12	办公楼装饰工程完成	2023 年 6 月 20 日	
13	道路完成	2023 年 6 月 20 日	
14	联合负荷试运行	2023 年 6 月 30 日	

(三)具体施工进度计划

具体施工进度计划如图 5-2 所示。

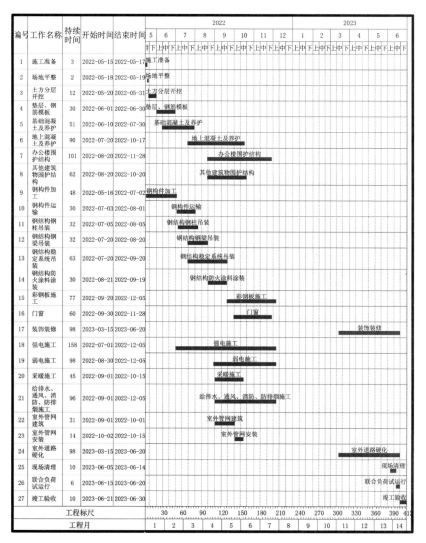

编号	工作名称	持续时间	开始时间	结束时间
1	施工准备	3	2022-05-15	2022-05-17
2	场地平整	2	2022-05-18	2022-05-19
3	土方分层开挖	12	2022-05-20	2022-05-31
4	垫层、钢筋模板	30	2022-06-01	2022-06-30
5	基础混凝土及养护	51	2022-06-10	2022-07-30
6	地上混凝土及养护	90	2022-07-20	2022-10-17
7	办公楼围护结构	101	2022-08-20	2022-11-28
8	其他建筑物围护结构	62	2022-08-20	2022-10-20
9	钢构件加工	48	2022-05-16	2022-07-02
10	钢构件运输	30	2022-07-03	2022-08-01
11	钢结构钢柱吊装	32	2022-07-05	2022-08-05
12	钢结构钢梁吊装	32	2022-07-20	2022-08-20
13	钢结构稳定系统吊装	63	2022-07-20	2022-09-20
14	钢结构防火涂料涂装	30	2022-08-21	2022-09-19
15	彩钢板施工	77	2022-09-20	2022-12-05
16	门窗	60	2022-09-30	2022-11-28
17	装饰装修	98	2023-03-15	2023-06-20
18	强电施工	158	2022-07-01	2022-12-05
19	弱电施工	98	2022-08-30	2022-12-05
20	采暖施工	45	2022-09-01	2022-10-15
21	给排水、通风、消防、防排烟施工	96	2022-09-01	2022-12-05
22	室外管网建筑	31	2022-09-01	2022-10-01
23	室外管网安装	14	2022-10-02	2022-10-15
24	室外道路硬化	98	2023-03-15	2023-06-20
25	现场清理	10	2023-06-05	2023-06-14
26	联合负荷试运行	6	2023-06-15	2023-06-20
27	竣工验收	10	2023-06-21	2023-06-30

图 5-2 某乳制品产业项目建筑工程施工总承包-施工进度计划图

四、确保工期措施

(一)组织保证措施

(1)实行项目经理负责制,对工程行使计划、组织、指挥、协调、实施、监督六项基本职能,确保指令畅通、令行禁止、重信誉、守合同。

(2)项目经理部除项目经理主管项目的总体协调控制以外,还设置主管计划协调控制的项目副经理,具体负责项目的施工进度计划协调管理,并从承包管理的角度对项目自身工作内容和专业分包商,以及指定分包商进行总体控制。

(3)计划及总平面管理时设置专业进度计划管理工程师和统计师,专职负责工程进度计划的编排与检查。

(4)以施工总进度控制为基础,确定各分布分项工程关键点和关键线路,并以此为控制重点，逐月检查落实、实施奖惩，以保证工期目标的按时实现。施工中将建立一系列现场制度，如工期奖罚制度、工序交接检制度、施工样板制度、大型施工机械设备使用申请和调度制度、材料堆放申请制度、总平面管理制度等。

(5)加强与业主、监理、设计单位的合作与协调，对施工过程中出现的问题及时达成共识，积极协助业主完成材料设备的选择和招标工作，为工程顺利实施创造良好的环境和条件。

(二)管理保证措施

1. 项目管理人员保证

根据项目组织机构设置要求调配有类似工程管理经验的优秀管理人员组成项目经理部，进行现场管理的所有专职岗位人员均有相应的岗位证书。

2. 推行目标管理

根据进度控制目标，编制总进度计划，并在此基础上进一步细化，将总计划目标分解为分阶段目标，分层次、分项目编制计划，保证工程施工进度满足总进度要求。并由总进度计划派生出设计进度计划、专业分包招标计划和进场计划、技术保障计划、商务保障计划、物资供应计划、设备招标供货计划、质量检验与控制计划、安全防护计划及后勤保障一系列计划，使进度计划管理形成层次分明、深入全面、贯彻始终的特色。

3. 建立例会制度

每周二、周五下午召开工程例会，在例会上检查工程实际进度，并与计划进度比较，找出进度偏差并分析偏差的原因，研究解决措施，每日召开各专业碰头会，及时解决生产协调中的问题，不定期召开专题会，及时解决影响进度的重大问题。

4. 建立现场协调会制度

每周召开一次现场协调会，通过现场协调会的形式，和业主、监理单位、设计单位等一起到现场解决施工中存在的各种问题，加强相互间的沟通，提高工作效率，确保进度计划有效实施。

(三)资源保证措施

加大资源配备与资金支持，确保劳动力、施工机械、材料、运输车辆的充足配备和及时进场，保证各种生产资源的及时、足量的供给。

1. 劳动力保证

在投标阶段施工企业就已筹备劳务分包商的选择，通过对劳务分包商的业绩和综合实力的考核，在合格劳务分包商中选择多家与施工企业长期合作、具有一级资质的成建制队伍作为劳务分包，工程中标后即签订合同，做好施工前的准备工作，确保劳动力准时进场。

2. 机械保证

(1)提前落实大型设备：本工程施工需要用的土方开挖、吊装及运输设备均已经落实，并做好进场前的维修和保养，随时可以进场施工。

(2)确定大型机械设备进出场计划，物资及设备部按计划组织机械设备进场。

3. 物资保证

(1)施工企业有完善的物资分供商服务网络及拥有大批重合同、守信用、有实力的物资分供商。

(2)物资及设备部根据施工进度计划，每月编制物资需用量计划和采购计划，能按施工进度要求进场。

(3)项目试验员对进场物资及时取样(见证取样)送检，并将检测结果及时呈报监理工程师。

(4)钢材供应：施工企业已于投标阶段同相关厂家进行联系，做好了采购准备。工程中标后，可立即与厂家签订定购合同，保证钢材第一时间进厂加工。

4. 资金保证

施工企业具备良好的资信、资金状况和履约能力。本工程的资金将专款专用，严禁挪作他用。

制定项目资金使用制度，每月月底物资及设备部和行政部都要指定下月资金需用计划，并报项目经理审批，财务资金部严格按资金需用计划监督资金的使用情况。

(四)技术保证措施

1. 编订针对性较强的施工组织设计与施工方案

"方案先行，样板引路"是施工企业施工管理的特色，本工程将按照施工方案编制计划，制定详细的、有针对性和可操作性的专项施工方案，从而实现在管理层和操作层对施工工艺、质量标准的熟悉和掌握，使工程有条不紊地按期保质地完成。

2. 广泛采用新技术、新材料、新工艺

先进的施工工艺和技术是进度计划成功的保证。在施工期间，针对工程特点和难点采用先进的施工技术、工艺、材料、机具和计算机技术等先进的管理手段，广泛采用新技术、新材料、新工艺，包括建筑业十项新技术，为提高施工速度，缩短施工工期提供技术保证。

3. 采用项目管理信息系统，实现资源共享

施工企业将在此项目上全面采用"建筑工程施工项目管理信息系统"，以项目局域计算机网络为基础，建立项目管理信息网络，通过此系统，实现高效、迅速并且条理清晰的信息沟通和传递，为项目管理者提供丰富的决策数据。系统中的"计划管理""过程管理""技术资料管理"等一系列功能模块，实现过程的可控性、质量的可追溯性，从而进一步理顺管理思路、协调专业职责关系，能及时向业主报告工程的进度、质量动态，提高工作效率，加快工作进程。

五、施工进度保障应急预案

由于本工程工期要求非常严格，要保证每个关键节点都按期完成，必须按照前面所述的工期保证措施认真执行，狠抓落实，才能确保本工程的顺利进行。

然而由于施工生产中影响进度的因素纷繁复杂，如设计变更、技术、资金、机械、材料、人力、气候、组织协调等，为保证目标总工期的实现，就必须采取各种措施预防和克服上述影响进度的诸多困素，为此，提出以下具有针对性的赶工措施。

(一)技术措施

必须组织工程技术人员和作业班长熟悉施工图纸，优化施工方案，为快速施工创造条件；制定各分部分项工程施工工艺及技术保障措施，提前做好一切施工技术准备工作，从而保证严格按规定的进度计划实施。

积极引进、采用有利于保证质量，加快进度的新技术、新工艺。

落实施工方案，在发生问题时，及时与设计、甲方、监理沟通，根据现场实际情况，寻求妥善处理方法，遇到事不拖延及时解决，加快施工进度。

建立准确可靠的现场质量监督网络，加强质检控制，保证施工质量，做好成品保护措施，减少不必要的返工、返修，以质量保工期，加快施工进度。

施工班组人员多，所以每道工序施工前必须做好技术质量交底，制定详细而实施性强的施工方案，以保证各工序顺畅衔接，减少窝工，提高工效。

针对交叉作业多的情况，施工中统筹安排，合理安排工序之间的流水与搭接。

(二)组织协调措施

建立施工项目进度实施和控制的组织系统及目标控制体系，实行以总承包项目经理为首的施工调度中心，及时与有关单位组互通信息，掌握施工动态，协调内部各专业工种之间的工作，注意后续工序的准备，布置工序之间的交接，及时解决施工中出现的各类问题，促成各专业同步地完成各自的施工任务。

落实各层次进度控制人员的具体任务和工作职责，实行节日期间不停工，双休日、等法定节假日实施轮休，合理安排班组工作作息。重点部位进行不间断连续施工。

(三)合同措施

以合同形式保证工期进度的实现，首先是保持总进度控制目标与合同总工期相一致，其次为分包合同的工期与总包合同的工期相一致。

供货、构件加工等合同规定的提供服务时间与有关的进度控制目标一致。

以上各种合同一经签订，便具有法律效力，明确各自在本工程中所应承担的义务，若有违反应追究其法律责任。

(四)材料计划

根据实际情况编制各项材料计划表，按计划分批进场，适应施工进度的需要，并根据计划落实各种工程材料、成品半成品等材料货源，以保证其相应的运作周期。

地方材料采购，充分做好市场调查工作，落实货源，确保工程对材料的需求。

随时了解材料供应动态，对缺口物资要做到心中有数，并积极协调，如对工程进度产生影响时，要提出调整局部进度计划和有效的补救措施，使总进度计划得以顺利实施。

根据不同的施工阶段要求，需业主、设计认可的材料、设备，在采购前需提供样品并及时确认，缩短不必要的非作业时间。

(五)劳动力配置及保障措施

施工劳务层是施工过程的实际操作人员，是施工进度最直接的保证者，所以施工企业在选择劳务操作人员时的原则为具有较高的技术等级及有过类似工程施工经验的人员。对进场后的劳动力进行优化组合，使各施工区段上作业队的人员素质基本相当，采用齐头并进的作业思路，各工种提前做好准备，按进度及时插入。

(六)后勤保障

本项目在施工过程中将进行科学而人性化的管理，在抓进度赶工期的同时，认真仔细地做好各项后勤保障工作，使工人们能够安心愉快地投入工作，以提高工作效率。特殊工种的手套、口罩、防护眼镜、安全带等劳保护用品供应及时而到位。高温季节现场准备充足的茶水供应，雨季雨衣、套鞋等劳保用品也应充分。

六、劳动力配置

(一)劳动力使用计划

某乳制品产业项目拟投入本工程劳动力计划表(见表5-4)。

表5-4　某乳制品产业项目拟投入本工程劳动力计划表

工种	按工程施工阶段投入劳动力情况				
	基础阶段	主厂房吊装、结构主体阶段	机电安装、装饰、收尾		
力工	120	60	40	30	20
瓦工	15	40	20	20	20
钢筋工	40	50	20	20	20
木工	40	40	20	40	20
混凝土工	20	20	40	10	—
安装工	—	40	40	—	—
焊工	20			8	
架子工	20			16	
抹灰工	16		20	40	20
水暖工	20			10	
电工	20			10	
油工	30		40	60	20
维护电工	6				
机械工	10				

(二)劳动力投入原则

某乳制品产业项目拟投入本工程劳动力计划表(见表5-5)。

表5-5　某乳制品产业项目拟投入本工程劳动力计划表

项目	劳动力投入原则
全局性原则	施工现场为一个系统，从整体功能出发考察人员结构，不单纯安排某一工种或某一工人的具体工作，而从整个现场需要出发做到不单纯用人、不用多余人
互补性原则	人员结构从素质上看可以分为好、中、差，在确定现场人员时，要按照每个人的不同优势与劣势，长处与短处，合理搭配，使其取长补短，达到充分的发挥整体技能的目的
动态性原则	根据现场施工进度情况和需要的变化而随时进行人员结构，其数量的调整，不断达到新的优化。当需要人员时立即组织进场，当出现多余人员时向其他现场转移式定向培训，使每个岗位符合饱满
培训原则	劳动力的素质，劳动技能不同，在现场施工中所起的作用和获得的劳动成果也不相同。施工现场缺少有知识、有能力，适应现代建筑业发展要求的新型劳动者和经营管理者，而使现有劳动力具有这样的文化水平和技术熟练程度的途径是采取有效措施全面开展职工培训，通过培训达到规定的目标和水平，并经过一定考核取得相应的技术熟练程度和文化水平的合格证，才能上岗

(三)保障劳动力充足的方案

1. 劳动力管理措施

施工现场项目经理及技术负责人做到全盘考虑，认真学习和研究施工图纸，领会设计意图，拟定出本工程各阶段施工所需投入的人力什么时间进场、什么时间退场，做到心中有数，减少盲目性，以免造成人员紧缺或窝工现象。

各专业施工队根据合同工期、施工进度计划、建安工作量、劳动生产率及其他因素制订项目施工各阶段的劳动力计划，并依此组织施工人员进入施工场地。

专业施工队按计划组织劳动力进入施工场地，满足工程进展和施工配合所需的数量，必须保证具备完成本项目所必备的技术条件。

从事技术工种作业人员必须经过相应的专业培训，并具有上岗证，确保持证上岗。尤其对电焊工、电工、起重工等特殊技术工种人员需加强培训，保证其技术素质。

农忙、节假日不放假(除市政府特殊要求外)，确保工程连续施工。

施工过程中强化劳动纪律，做好后勤保障，解除项目部的后顾之忧。

保证劳动力及各工种作业人员安排符合国家和省市的有关规定。

在正式施工前，由项目部统一组织对劳动力进行岗前培训，明确设计内容、技术要求、施工工艺、操作方法和质量标准，劳动力经培训合格后持证上岗。

在劳动力进场时和各分项工程施工前对劳动力进行安全教育，树立安全第一的思想，并对危险工种、危险区域操作进行专项安全技术交底。

在施工中开展劳动竞赛，技术比武和安全评比等活动，提高劳动力整体施工水平。利用施工间隙进行法制宣传，教育施工人员要遵章守纪，保障社会治安。

根据工程实际需要，各施工队、工种之间相互协调，由项目部统一调度，合理调配劳动力，减少窝工和劳动力浪费现象，同时，随着工程进展，在统一安排调度下，多余劳动力尽快安排退场。

增强全体员工的质量意识是创精品工程的首要措施。工程开工前针对工程特点，由项目总工程师负责组织有关部门及人员编写本项目的质量意识教育计划。计划内容包括公司质量方针、项目质量目标、项目创优计划、项目质量计划、技术法规、规程、工艺、工法和质量验评标准等。通过教育提高各类管理人员与施工人员的质量意识，并贯穿到实际工作中，以确保项目创优计划的顺利实现。项目各级管理人员的质量意识教育由项目经理部总工程师及现场经理负责教育；施工操作人员由技术负责人组织教育，现场责任工程师及专业监理工程师要对分包进行教育的情况予以监督与检查。

项目部按月对劳务分包商的作业签发《合同履约单》，安排施工任务，并检查监督分包商作业队的操作质量、安全生产和现场用料，并提供证实资料，以便与施工进度相吻合，对不能按计划完成任务的班组作劝退劳务承包的决定。

2. 劳动力动态管理配备

劳动力实行专业组织，按不同工种，不同施工部位来划分作业班组，使各专业班组从事性质相同的工作，提高操作的熟练程度和劳动生产率，以确保工程施工质量和施工进度。凡现场施工人员，均持证上岗，特殊工种必须持有劳动部门考试合格的上岗证件进行操作。

劳动作业人员进场前，项目管理人员要对工人进行有关法律、安全、技术交底。项目经理部制定各项制度，对进场人员进行广泛的宣传教育，使其具备较高素质，达到持证上岗作业要求。

根据工程项目需要，以本公司所使用的合格分包商作为评审和选用对象，并采用招投标形式选择合格的劳务施工队伍，优先选择获得优良工程的劳务分包。

根据方案实施要求及施工进度和劳动力需求计划，集结施工队伍，组织劳动力分批进场，并建立相应的领导体系和管理制度。

根据工程各阶段施工重点，及时调配相应专业劳动力，实行动态管理。

根据工程实际需要，各施工队、工种之间相互协调，由项目部统一调度，合理调配劳动力，减少窝工和劳动力浪费现象，同时，随工程进展，在统一安排调度下，多余劳动力尽快安排退场。

项目经理组织项目管理人员及劳务队长，针对本工程的质量目标、工期目标、安全目标、经营目标等，制定出劳务管理制度及奖罚措施。

3. 组织协调措施

项目经理部会同公司选定的专业班组予以考察，并采用竞争录用的方法，使所选择的专业班组，无论是资质、管理还是经验都符合工程要求。

严格要求专业施工班组按施工组织设计要求，熟悉分项工程施工工艺标准，同时编制日进度计划，确保工程保质、按期完成。

各专业班组和其他分包单位严格按照项目部制定的总平面布置图就位，且按照项目经理部制定的现场标准化施工文明管理规定，做好施工标准化工作。

工程项目部将以各个指令，组织指挥各专业施工企业科学、合理地进行生产，协调施工中所产生的各类矛盾，以合同中明确的责任，去完成建筑工程产品，并达到建筑产品优质。

依据项目与公司签订的项目目标管理责任书的要求，项目与各劳务队签订劳务承包合同，用合同管理来约束各方的行为。

项目部加强劳动保护和安全卫生工作，改善劳动条件，保证工人健康与安全生产。使工人在良好的环境中愉快地工作，提高产品质量和劳动生产率。

在项目施工的劳动力平衡协调过程中，按合同与公司劳动部门保持信息沟通，人员使用和管理协调。

项目部按劳务合同的要求及时支付劳务报酬。

保证劳动力及各工种作业人员安排符合国家和省市的有关规定。

4. 落实高技工等级的劳动力队伍

本工程劳动队伍落实如下，人员配备见劳动力计划表。施工队组之间要建立以规范标准为尺度的比、学、赶、帮关系，形成人人钻研专业技术工艺和操作规程，讲究职业道德的风气。

劳动力队伍完全是经过多年培训，以优胜劣汰的原则经过磨炼而保存下来的精干人员，其劳动力队伍主体由特殊工种，如电工、焊工、架子等组成。他们常年接受施工企业三级教育，均达到具有很强的质量、安全专业技术操作水平和创新意识。这支队伍经常接受艰巨任务，勇于攻坚，屡创佳绩，采用新技术，行动迅速。

为施工企业创出先进的施工工艺标准和工法。他们被誉为企业的骄傲。有他们从事本工程施工，必定会创出优质精品工程，必定将工程创优落实到始终，落实在整个施工过程中，他们将实现施工企业及业主的理想和期待。

在正式施工前，由项目部统一组织对劳动力进行岗前培训，明确设计内容、技术要求、施工工艺、操作方法和质量标准，劳动力经培训合格后持证上岗。

在劳动力进场时和各分项工程施工前对劳动力进行安全教育，树立安全第一的思想，并对危险工种、危险区域操作进行专项安全技术交底。

在施工中开展劳动竞赛，技术比武和安全评比等活动，提高劳动力整体施工水平。利用施工间隙进行法制宣传，教育施工人员遵章守纪，保障社会治安。

技术培训。开工前紧密结合本工程实际情况，编制技术培训大纲，以技术要求、质量标准和操作工艺为培训内容，对所有参建人员进行一次全面的技术培训，以保证各项规范和标准的正确实施。技术培训离不开质量教育，施工企业将在提高员工技术水平的同时增强其质量意识，做到责任在心中，质量在手中，规范操作、不出差错。为确保按时完成本合同工程，实现质量目标，针对本工程的特点，重难点，制订一系列的培训教育计划，组织全体施工人员进行定期和不定期的培训和专项教育。

常规技术培训。尽管施工企业将按合同要求选派技术熟练的技术工人，但是为保证合同工程的顺利实施，施工企业仍将对所有员工进行一次全面的技术培训，其目的是培养员工的科学态度，增强创新意识，为创造优质工程打下良好的基础。

质量意识教育。加强对现场施工人员的质量教育，进行应知应会教育，强化质量意识，严格执行规范，严格操作纪律，服从质量监督检查，实现质量目标。

增强全体员工的质量意识是创精品工程的首要措施。工程开工前针对工程特点，由项目总工程师负责组织有关部门及人员编写本项目的质量意识教育计划。计划内容包括公司质量方针、项目质量目标、项目创优计划、项目质量计划、技术法规、规程、工艺、工法和质量验评标准等。通过教育提高各类管理人员与施工人员的质量意识，并贯穿到实际工作中，以确保项目创优计划的顺利实现。项目各级管理人员的质量意识教育由项目经理部总工程师及现场经理负责教育；施工操作人员由技术负责人组织教育，现场责任工程师及专业监理工程师要对分包进行教育的情况予以监督与检查。

安全操作培训。结合工程特点，在开工前，对施工人员组织进行系统的安全意识培训，熟悉安全规定和安全操作规程，对于高空作业、电气安装的操作等坚持持证上岗。

重难点施工技术培训。结合本工程的特点，针对施工中的重难点工程，制定详细的作业指导书，在工前进行专项培训。

5. 施工高峰期间的劳动力保证措施

本工程所需劳动力原则上由施工企业内部进行筹调，可以满足正常施工所需人员要求。但是当施工进入高峰期或追赶工期时，难免出现劳动力短缺现象。对此，施工企业将采取以下措施予以保障。

派遣有相应执业资格的专业技术人员和普工。

对施工人员报酬专款专用，按时发放，保证施工人员的生活需求，有利于施工人员安心工作。

预留足够的劳动力保证资金，用于支付施工高峰期的加班工资和激励奖金。

合理进行劳动力资源的调配，重点保障对工期影响较大的工程的需要。

(四)劳动应急保障预案

1. 劳动力应急保障预案资金安排

(1)建立劳务突发事件专项资金制度。

第一，要处理好劳务突发事件，必须筹备相应的劳务突发事件应急资金，建立资金的筹备、使用和管理制度，是保证处理好劳务突发事件物资和费用的前提，是重要的后勤保障。资金的筹措渠道是由公司设立专用账户共500万元。

第二，农民工工资保障安排。按照国家以及本市的相关规定，按照工程合同价款的一定比例向工程所在地劳动和社会保障行政主管部门交纳职工工资保障金，工资保障金在工程合同价款中列支，专款专用。

第三，按照《中华人民共和国劳动法》《中华人民共和国劳动合同法》的规定，与农民工或者农民工集体签订劳动合同。劳动合同明确工作内容、工资计算标准、工资结算方式、工资支付时间及工资支付方式等内容。

第四，为了加强农民工的管理，成立农民工管理小组，建立进出场登记制度、考勤统计制度和工作量审签制度，加强出勤记录并按劳动合同约定及时对已完成工作量的确认和审签工作，保证农民工工资的及时发放。

第五，对于建设单位按合同要求支付的工程款，优先支付农民工工资。完善机制，明确相应责任人，防拖欠工作应切实做到专人负责、申诉有门、处理及时、客观公正。项目部成立专项项目经理为组长、预算、安全、财会及各工段负责人组成的防拖欠及调解领导组。负责工程款和农民工工资的支付，对过程进行监督检查，并负责农民工上访的调解、处理工作，以保护农民工的合法权益。

第六，认真清查，防止发生拖欠和克扣行为，从维护建筑业农民工的切身利益出发，检查施工现场作业人员的身份证复印件、户口所在地、进场时间、出勤记录、工资发放情况记录。掌握第一手资料，从源头上堵住恶意作假和拖欠行为。

第七，对查出拖欠和克扣劳动者工资的责任人，责令其及时补发；不能立即补发的，要制订清欠计划，限期发清。对恶意拖欠、克扣工资的责任人，要严格按照国家有关规定进行处罚。涉嫌犯罪的，移交司法机关严肃处理。

第八，对携款潜逃者，及时向上级单位反映，并向公安机关报案。并且建立有效机制，实行拖欠农民工工资举报制度，设立举报箱，开通举报电话，由防拖欠常设办公室负责接待来访举报，及时处理，防止矛盾激化，影响社会稳定。

第九，抓好教育，提高农民工政策水平和自我保护能力，利用农民工业余学校、班前安全活动等场合，对农民工进行权益保障方面的培训，引导他们基本了解和掌握国家对农民工维权内容和方式，增强防范意识和规避风险能力，提高依法维护自身合法权益的能力，避免矛盾激化，共建和谐社会。

第十，公示纠纷调解人员名单和联系方式，把工资纠纷调解程序告知所有施工人员，耐心细致地做好政策宣传和解释工作，杜绝无序管理事件的发生。应急反应，保证工资纠纷得到及时妥善处理，平时做好农民工身份核查及出勤统计工作，一旦出现农民工因工资纠纷反应强烈，出现停工抗议、围攻项目部等情况，防拖欠调解组及有关方面成员要立即赶赴现场，首先对农民工进行劝告、解释、安抚，稳定其情绪；并着手进行调查、协调、处理，要做好相关记录。

第十一，根据项目的工程量和进度，设置相应的农民工工资应急备用资金。

第十二，在招收农民工时把好关，核定身份证，进行体检，抓好培训和考核，订立符合国家规定的劳动合同。

第十三，汇总、统计本项目农民工的出勤及定额完成情况，工作情况和遵章守纪情况。

第十四，协调小组应及时对矛盾双方进行调查和协调，并尽可能在两个工作日内完成。

第十五，如拖欠情况属实，必须督促当事人及时付清欠款；当事人不能履行时，项目部将启动农民工工资应急备用资金，按时进行发放，保证农民工利益不受损失。

第十六，由于特殊因素使然不能及时控制局面时，应立即向公安机关求助，维护秩序，以免事态扩大。

第十七，如出现当时人携款潜逃，项目部得知后应立即向上级部门汇报并向公安部门报案，以便及时采取各种措施来减少损失。

（2）严格执行国家劳动和社会保障部保障农民工工资支付的四项基本措施。

第一，建立工资支付监控制度，全面监控和重点监控相结合，列为重点监控对象的，要定期向劳动保障部门报送工资支付情况；建立施工企业工资支付信息网络，完善监控手段。

第二，推行工资保证金制度，施工企业缴纳一定数额的工资保证金，以保证农民工工资不因单位资金状况而被拖欠。

第三，推行企业劳动保障诚信制度，规范施工企业用工和工资支付行为。全面推进劳动合同制度实施行动计划，用人单位招用农民工都要依法订立书面劳动合同，建立权利义务明确、规范的劳动关系。

第四，为了保证民工工资，施工企业做了多项保证措施：①俗话说，"一份辛劳一份收获"，施工企业各有关部门积极采取措施，保证农民工工资及时发放、让农民工劳有所得，也促进了建筑施工企业的发展，为了保证工人工资得到保障，施工企业单独开设了农民工调查小组。专门调查解决农民工拖欠、纠纷等现象，一经发现公司将对其严厉处罚，做到"工程清工资清"，决不拖欠民工一分钱。②施工企业为民工设立了绿色通道及意见箱，农民工有意见或事情可以直接到公司找相关单位，并且为其大力解决难题。③在本地劳动保障行政部门与建设行政主管部门管理下，施工企业督促施工企业与民工签订了劳动合同，保证民工及时拿到自己的辛苦钱，也保证了工程建设的顺利进展。④施工企业设立农民工工资专用账户，预存工资款，避免了由于工程中一些复杂问题而造成资金困难，使得工资迟迟发不下去。建立专用账户正是能保障工程在危急时候能够保证农民工工资。⑤保证按月发放工资，要求施工企业每月准时发放农民工工资。施工企业采取"举证责任倒置"的办法，即由用人单位负责举证，企业拿不出工资发放证据就视为欠薪，解决了农民工讨薪时"举证难"的问题。

（3）应急处理预案：如遇因拖欠工程款、拖欠农民工工资问题而引发突发事件应根据情况尽快处置，化解矛盾，确保社会稳定。

第一，一般群众事件的处理：①发生一般性群体事件后，处理小组成员及时赶赴现场，同时要尽快将情况向相关领导报告。处理小组相关人员也应及时赶到现场，协助领导现场组织处理，防止事态扩大、转化。②处理小组人员赶到现场以后，要尽可能在短的时间内疏导、疏散现场人员。同时积极协调、处理相关的拖欠事宜，化解矛盾。

第二，重大群体事件的处理：①因解决拖欠工程款、拖欠农民工工资而引发的群体堵街、堵路，严重堵塞交通、围堵政府或政府部门等重大群体事件，应立即向建设单位、监理单位以及区、市相关管理部门汇报。②应急处理小组的全体成员接到发生重大群体事件的通知后，应立即赶赴现场、协助领导处置。③发生重大群体事件后，所有到场的处置人员，应保持清醒、冷静，处理工作以劝解、疏导、疏散闹事人员为主。同时，要尽快找到当事双方（或多方）负责人，协调、化解矛盾，积极解决相关问题。④如遇发生恶性群体事件，处理小组所有人员应及时赶到现场处置、同时迅速上报当地政府、报告公安和劳动保障等部门、请求支持和援助。

2. 劳动力应急保障预案人员渠道

岗位人员应急突发状况及措施。

（1）岗位人员短缺。①建立人才需求系统。通过建立职位分析系统，对现有人员进行盘点，分析人员的素质与数量是否与业务量相匹配，人才供给的内部开发及外部聘用比例。②建立人员数据库，分析现有员工的技能，根据员工的实际情况、工作能力建立公司人员储备表，具体包括以前的经历、培训背景、技能证书、职业兴趣、主管的评价等内容反映员工的竞争力，通过它可以判断哪些员工会被提升或调配。这样可以保证空缺的岗位有相应数量的员工来填补，而且有合适的人员来填补。③建立人员晋升方案，对各岗位的工作范围、每个关键职位的可能接替人选、接替人选目前绩效、提升潜力以及需要培训的内容，来决定公司重要职位空缺的人选。④对于许多一线岗位来说，要与劳务公司建立长期的友好合作关系，让他们依照公司人员需求的淡季旺季提前进行人员筛选，同时，提高员工的企业质量意识和加强技能考核，提高新入员工的整体素质。

（2）人员资质不足、岗位不合理。①建立培训开发系统，进行岗前培训、在职培训、工作技能培训、岗位调配、工作丰富化培训，使人员胜任现在及未来的工作要求；同时，建立人员晋升通道，使员工看到努力的方向，提升其工作价值。通过绩效评估，可以提早发现优秀人才和不合格人员，从而可以确定合理的人员安排，对优秀人才选拔晋升，对绩效欠佳者及早培训，对不合格员工调岗或辞退。公司对于重要岗位的管理层员工及重要生产操作的员工会依据岗位要求不定期进行外部培训，拓展多口径的学习机会，加强岗位技能和员工的协作关系。②建立轮岗轮训机制，培养多面手，多功能的复合型人才，作业员之间各工序轮岗，管理人员基层轮岗学习等方式，特别是关键岗位的人员培养，确保关键岗位的人才储备是其编制的一倍，为人员的流失，特别是关键岗位员工的流动提供后备力量，同时，给予员工多方面技能学习、帮助员工自身成长。③建立人员资质考核标准，对于一些在本岗位工作能力达不到的员工，可以依据公司目前的岗位需要和个人实际胜任能力进行调岗、进修，如果实在不能胜任本职位或者其他岗位，没有通过考核的员工，可以依据公司的相关规定进行辞退。

（3）人员调配。①公司的人员定岗是和公司岗位配置及产量相联系的，在正常的生产需求下人员通常会处于适度紧缺或者适度过剩的情况是正常的，在经济危机或者行业产能过剩的情况下，人员大量过剩就是不正常的，这个时候需要做的就是对岗位进行精简。②建立人员素质考核评定方案，对于人员过剩的岗位进行能力考核，对资质不足的人员劝退，在产量大大减少的情况下，裁员之后要做好善后工作，并且做好人才库的备份，后期依据产量回升情况对部分被裁人员可进行召回。③建立各兄弟公司之间的人才输出输入配合。如果一个公司的产能下降而其他兄弟公司产能不变或产能上升，并且出现人员紧缺状态，在具有相同的生产项目中，可以进行相互间人才支持。

（4）关键岗位人员缺失。①建立人才预警系统，对流动性较大的关键岗位及早做好补充计划；针对关键岗位要进行业务分解；同时要建立后备人员，以避免人员流失尤其是关键人员的流失。②根据职务分析，确定岗位需求的人数，并把未来的人才流入、晋升、辞职等流动率情况用图表显示出来，然后确定合适的人员补充。

针对关键岗位人员缺失的预警措施是：

(1)培养现有员工。在目前的员工中，大力加强上级培育下级的能力，从下级中挑选能力强的人进行相关岗位培训，如果上级人员出现流动，下级人员能够及时顶岗。

(2)现有岗位的上级负责人兼任。这个方式适用于短期关键岗位紧缺的顶岗，长期来看，还要拓展多方位的人员输入渠道。

(3)通过岗位调动在岗培养。岗位调动能够及时补充具有相关行业经验的管理人员，通过内部调动及时解决人员短缺问题。

(4)外聘。外聘的时间周期较长，需要拓展多口径的人员输入渠道，加强和猎头公司的业务合作和人才测评。

岗位人员应急分为"四步走"，即"事前预防、事发应对、事中处置、善后恢复"。对于一线员工而言，通过改善工厂劳动环境、食宿等措施，通过其他各种鼓励手段培养员工对企业的认同度，并定期进行员工满意度调查、进行员工投诉建议预警，是企业长期稳定发展必不可少的环节。对于办公室管理人员，施工企业通过建立长期的人员预警方式及时补充人员缺口。

七、主要材料供应及保障

(一)材料供应计划

(1)本工程材料采购由项目材料部负责，根据物资采购程序进行计划、加工、采购控制，保证材料供应及时。

(2)施工材料根据项目进度日常材料提前三天进场，特殊材料按材料进场时间表进行，材料进场后安排专人保管。

(3)主材：根据甲方及设计的要求，选样后及时报业主、监理和设计等相关方审核，符合要求后及时封样。

(4)辅助材料的采购，对自行采购材料，进场前首先将材料样品、生产厂家的相关资料、质量及环保检验报告、合格证等资料报业主、监理、总包单位共同认可后进行采购定货，确保所进货品与所报样品保持一致。

(5)采购程序的控制：材料的采购由项目部负责制订计划，公司工程部对其执行情况予以监督、检查和管理，要确保各种施工材料(包括原材料、半成品材料、成品材料)的质量，所用材料应品种齐全、供货及时，质量符合要求。

(二)质量保证措施

(1)原材料组织主要有三大类：第一类材料是钢材、水泥、木材。这些材料，施工企业提前10天，根据项目部提出的需用量计划，在进场之前，负责检查试验，严把质量关，无合格证材料杜绝进场，对进入施工现场的材料进行二次复试，并在材料进场时负责验收，并按标识放置在指定场地，合理堆放；第二类材料是大宗材料、地坪材料、保温材料、防水材料等，所有材料均必须有合格证，并经复试合格后，进场验收，并存放在指定场地与库房；第三类材料是化工、油漆、装饰材料、构配件等，上述三大类材料，施工企业将货比三家，从质量上，单价上严格把关，并通过建设单位、监理公司及有关部门批准后，进行采购进场，所有材料均在进场前检验确认合格后，方可进入现场。

(2)钢材、水泥、木材等供应是至关重要的,对钢材的物理机械性能,化学组分严格把关,对水泥要求其各项技术标准必须满足规范与设计要求,施工企业检测站可根据项目所需的各种砼强度等级,按施工要求,提供相应的配合比设计以确保混凝土质量,浇筑之前向作业者进行技术、质量、安全交底工作,由专业人员操作,并有取样员随进抽检、取样,保证砼施工始终处于受控状态。

(3)运输组织本工程材料直接运到现场。施工企业提前安排专人负责,调度施工所需材料进场,确保施工需要,并合理的安排储料位置,避免发生二次倒运。施工现场布置办公室、值班室、卫生间、生活区、宿舍、食堂、材料库、材料堆场、半成品堆场、成品库。特殊关键工序施工时,所有参加人员均不能中途离开施工现场。

(三)材料供应应急保障预案

1. 材料供应保证措施及应急保障预案

(1)资金安排:施工企业根据该工程的实际情况,从公司本部调拨足够的资金(3 000万元),来保证现场材料采购的需求。

(2)材料供货渠道:施工企业有长期合作的材料设备供应商,材料来源稳定,货量充足,即使在市场货源紧缺的情况下,也能充分保证现场的施工顺利进行。

主材:根据甲方及设计的要求,选样后及时报业主、监理和设计等相关方审核,符合要求后及时封样。

辅助材料的采购,对自行采购材料,进场前首先将材料样品、生产厂家的相关资料、质量及环保检验报告、合格证等资料报业主、监理、总包单位共同认可后进行采购定货,确保所进货品与所报样品保持一致。

采购程序的控制:材料的采购由项目部负责制订出计划,公司工程部对其执行情况予以监督、检查和管理,要确保各种施工材料(包括原材料、半成品材料、成品材料)的质量,所用材料应品种齐全、供货及时,质量符合要求。

明确设备、材料进场计划及机械设备的最迟进出场期限。对于特殊加工制作和供应的材料和设备,应充分考虑其加工周期和供应周期。

材料质量的控制:对设计师与业主指定的装饰材料品牌及样板,采取从专业生产厂家采购样板回来,并把实物样板送给设计师和业主鉴定。达到满意后,直接从厂家按样本品牌规格订购回现场使用。

根据本装修工程项目的设计文件、施工图纸,以及施工企业的施工方案、施工措施编制材料需求表,要求反映该工程项目实体的各种材料的品种、规格、数量和时间要求。

材料验收制度:本工程中所有材料,包括多种原材料、半成品及成品材料,必须先将生产厂家简介,材料技术资料和实验数据及材料样品,实地实验结果等各种技术指标报请业主和监理工程师审批。凡是资料不齐全或未经批准的材料,一律不准进入施工现场。用量大而对质量又至关重要的原材料,虽具备各种上报资料,但仍须对生产厂家的生产工艺、质量控制的检测手段进行实地调查。原材料的质量控制,除资料报批以及对生产厂家实地考察外,对材料在使用前的复检都要严格执行。在进货材料过程中,材料部根据样板及有关技术指标对进货材料进行严格验收,杜绝不符合要求的材料进入现场。

材料的现场搬运:配备一支专业的材料队伍负责材料的垂直运输和水平运输,安排专人负责管理,对搬运人员进行针对性技能培训,合格后方能上岗。配备相应的运输工具,如手推车、背带、夹具等。

材料保管制度:对购入的材料和成品,设置专门的仓库由专人保管、发放,按需要将防水、防污、防火的材料按要求分类堆放,妥善保管。

特殊装饰材料的堆放方式:石材堆放,要用枕木放于地上,小心碰角;成品挂板,要保证包装完好,轻拿轻放,避免油漆面受到损坏;石膏板、木板堆放,要架高地面,用以防水、防潮;制作一些木箱,用于存放呈圆球等形状的小单件物品;制作一定的货架,用于存放规格繁多的小件物品,以便于寻找。在仓库中存储的各种材料必须加强保管和维护,认真履行进出库登记手续。

针对不同的材料,采取相应的存储措施,如分别考虑温度、湿度、防尘、通风等因素,并采取防潮、防锈、防腐、防火、防霉等一系列措施,保护不同材料,避免材料损坏。

仓库管理要有严密的制度,定期组织检查和维护,发现问题及时处理,并要注意仓库安全、防火和保卫工作。油漆等轻化工产品、易燃易爆物品尽量减少库存,并要单独分开存放。

材料环保检测措施:本工程所用材料中可能对环境造成污染的有细木工板、各种木饰面板、大理石、花岗岩、白乳胶、乳胶漆、硝基漆等;针对以上材料,施工企业将加强环境保护检测,具体控制措施如下:

材料厂家的选择。在材料厂家选择方面,施工企业坚决选用经环保部门检测达标的知名企业生产的材料。

材料样品的确认。所选材料样品必须符合设计,并且各项检测报告齐全,真实有效。

材料的复试。针对本工程所采用的材料特点,对大理石、花岗岩的放射性,大芯板、木饰面板、各种胶粘剂的甲醛含量等做复试,检测合格后,方能大面积使用。

材料的验收。在材料验收过程中,严把质量关,与样品不符、各项检测报告不齐全的材料坚决退回。

2. 钢结构材料保障

施工企业自己拥有钢结构加工资质加工能力,能够满足本工程钢结构施工需求。

并且施工企业也有长期合作的大型钢结构加工供应商,钢结构的加工能力强,钢材来源稳定,货量充足,即使在市场货源紧缺的情况下,也能充分保证现场的施工顺利进行。

钢结构加工质量保证措施:①对进厂的钢材要有材质保证书,并做到专料专用。对不同材质的钢板进行标识。②严格进行工序控制,杜绝不合格产品流入下道工序。③经常检查焊接材料及焊剂是否符合图纸要求。④定期检查焊接材料烘烤记录。做好厚钢板的预热工艺和保温工艺。⑤对重要构件重点控制,检查施工是否符合工艺方案要求。⑥对等强度焊接要重点检查。探伤时应对应焊缝号进行检验,焊缝号由图纸表示。⑦做好返修记录。使不合格产品消除在制作过程中。⑧严格检查孔径、孔距,保证安装的穿孔率。⑨对本工程的特殊关键部位进行严格控制。⑩注意柱子的肩梁位置组装顺序及焊接质量。⑪利用反变形控制，减少腹板的不平度。

3. 使用高峰时的材料存储计算

依据《建筑施工计算手册》对工地材料总存储量、仓库及堆场面积进行计算。

(1)单位工程材料存储量计算：单位工程材料存储量应保证工程连续施工的需要，同时应与全工地材料存储量综合考虑，其存储量按下式计算：

$$Q_2 = \frac{nq_2}{T} \cdot K_2 \tag{5-1}$$

式中：Q_2——单位工程材料储备量；

n——储备天数，取 $n=30(d)$；

q_2——计划期内需用的材料数量；

T——需用该项材料的施工天数；

K_2——材料消耗量不均匀系数，取 $K_2=1.05$。

经过计算可确定所需材料存储量。

(2)仓库需要面积计算：仓库需要面积一般按材料储备量由以下公式计算。

$$F = \frac{Q}{PK_3} \tag{5-2}$$

式中：F——仓库需要面积(m^2)；

Q——材料储备量；

P——每平方米仓库面积上材料储存量，取 $P=1.50(t)$；

K_3——每平方米仓库面积上材料储存量，取 $K_3=0.60$。

经计算得仓库所需面积。

(3)堆场面积计算：钢结构构件堆场面积，可按以下经验公式计算。

$$F = Q_{max} \cdot a \cdot K_4 \tag{5-3}$$

式中：F——钢结构构件堆放场地总面积(m^2)；

max——构件的月最大储存量 t；

a——经验用地指标(m^2/t)= $7.50(m^2/t)$；

K_4——综合系数，取 $K_4=1.20$。

经计算得堆场所需面积。

4. 其他材料使用高峰供应计划

(1)制定高峰期和特殊情况下应急供应预案：成立包括物资供应站、施工企业、供应单位和运输单位主要负责人等在内的应急小组，在高峰期和特殊情况下，根据情况适时启动保障应急预案。

(2)加强与供应厂家的沟通：保持与生产厂家的联系，及时掌握生产情况，根据施工计划，加强与供应厂家沟通，确保物资的生产与供应。

(3)扩大料源：一方面要求供应厂家扩大生产能力，另一方面落实备选厂家，在供应厂家供应不足时，及时从备选厂家组织料源。

(4)加大催运力度：根据用料计划，及时组织专人进行催运，根据厂家生产和运输情况，必要时安排专职材料人员驻厂进行催运。制定科学的运输组织方案，选择多种运输方式。

（5）扩大库存：根据施工计划、物资市场及供应情况，适当提前进料，在供应站和施工现场增加库存，做好供应衔接。

（6）加强质量控制：认真执行质量管理制度，严把质量关，坚决杜绝不合格物资流入，做好各种质量记录。

八、主要施工机械

（一）本工程主要施工机械设备进场计划表（见表5-6）

表5-6　某乳制品产业项目拟投入本工程主要施工设备表

序号	设备名称	型号规格	数量	国别产地	用于施工部位
1	塔吊	QU63	3	国产	土建施工
2	汽车吊	QUY50	2	国产	吊装
3	汽车吊	QUY35	2	国产	吊装
4	汽车吊	QUY25	4	国产	吊装、组对
5	汽车吊	QUY25	2	国产	土建施工
6	挖土机	PC200	4	国产	土方开挖
7	挖土机	SY420C 2M3	4	国产	土方开挖
8	挖土机	Atlas 1.2M3	2	进口	土方开挖
9	自卸车	东风10T	8	国产	土方外运
10	自卸车	东风12T	6	国产	土方外运
11	钢筋弯曲机	GJB-40	4	国产	钢筋加工
12	钢筋切断机	GQ40-1	2	国产	钢筋加工
13	钢筋对焊机	MN1-150	2	国产	钢筋加工
14	钢筋调直机	GTJ4-4	2	国产	钢筋加工
15	直流电焊机	AX-300	10	国产	钢筋加工、钢构件加工
16	交流电焊机	QX-500	4	国产	钢筋加工、钢构件加工
17	插入式振动器	ZN-50	10	国产	混凝土
18	平板振动器	ZN-50	8	国产	混凝土
19	圆盘锯	MJ114	8	国产	钢筋加工
20	直螺纹套丝机	AX7-500	4	国产	钢筋加工
21	弯管机（电动液压）	XS-0198	4	国产	钢筋加工
22	台钻	LT-13	6	国产	混凝土
23	抹光机	F36/4H	20	国产	混凝土
24	混凝土切缝机	—	4	国产	混凝土
25	半自动焊机	32kV·A	16	国产	钢筋加工
26	手工焊机	43kV·A	10	国产	钢筋加工
27	空压机	7.4kW	4	国产	钢筋加工

序号	设备名称	型号规格	数量	国别产地	用于施工部位
28	污水泵	φ100	8	国产	施工降水
29	污水泵	φ50	4	国产	施工降水
30	地泵	IHG50－125	2	国产	土建施工
31	泵车	—	3	国产	土建施工
32	高空压板机	—	2	国产	彩钢板施工

(二)本工程配备的试验、检测仪器设备表(见表5－7)

表5－7 某乳制品产业项目拟配备本工程试验和检测仪器设备表

序号	仪器设备名称	型号规格	数量	国别产地	制造年份	用途	备注
1	全站仪	Leica TCA1800 Leica TC702	各1	瑞士	2014	工程测量	
2	经纬仪	Theo 010B	8	中国	2019	工程测量	
3	水准仪	Leica NA2	8	中国	2014	工程测量	
4	塔尺	LF－3S	3	中国	2014	工程测量	
5	钢卷尺	5m	25	中国	2014	工程测量	
6	X光探伤仪	XXH－2506	2	中国	2015	实验检测	
7	线锤	CJ－5056	2	中国	2014	工程测量	
8	水平尺	2m	5	中国	2015	工程测量	
9	钢卷尺	50m	5	中国	2016	工程测量	
10	取土换刀	200cm³	1	中国	2016	实验检测	
11	安培表	0.5 1/2，2.5/5，5/10	2	中国	2019	实验检测	
12	兆欧表	21C－38mm	2	中国	2019	实验检测	
13	坍落筒	Φ150	3	中国	2017	实验检测	
14	击实仪	Φ150	1	中国	2017	实验检测	
15	试块模具	150＊150＊150mm	20	中国	2017	试块取样	
16	试块模具	70.7＊70.7＊70.7mm	15	中国	2019	试块取样	
17	靠尺	3m	2	中国	2015	实验检测	
18	台秤	11kg	1	中国	2016	实验检测	
19	回弹仪	SC1200kN	2	中国	2016	实验检测	
20	接地电阻测试仪	—	2	中国	2016	电气检测	
21	毫安表 T25mA	HY－S	2	中国	2016	电气检测	
22	绝缘摇表	500V	3	中国	2016	电气检测	
23	安培表	0.5 1/2，2.5/5，5/10	2	中国	2019	电气检测	
24	兆欧表	21C－38mm	2	中国	2015	电气检测	

序号	仪器设备名称	型号规格	数量	国别产地	制造年份	用途	备注
25	涂层测厚仪	TT220	1	北京	2016	涂层厚度检测	
26	钳形电流表	0-600A	2	中国	2016	电气检测	
27	万用表	V-201	4	中国	2016	电气检测	
28	线缆性能测试仪	CableIQ	2	中国	2016	电气检测	
29	光纤测试器	—	1	中国	2016	电气检测	
30	气体检测仪	四合一泵吸式	2	中国	2022	安全检测	希玛
31	酒精测试仪	—	2	中国	2022	安全检测	弥雅
32	电子血压计	全自动手臂式	2	中国	2022	安全检测	乐心
33	自动测温枪	—	2	中国	2022	安全检测	

(三)施工机械设备情况及供应保证措施

1. 机械设备日常管理(见表 5-8)

表 5-8 某乳制品产业项目机械设备日常管理表

序号	项目	机械设备日常管理
1	机械设备台账	机械设备经安装调试完毕,确认合格并投入使用后,由项目经理部设备管理员登记进入项目机械设备台账备案。对台账内的大型机械建立技术档案,档案中包括:原始技术资料和验收凭证、建委颁发的设备编号及经劳动局检验后出具的安全使用合格证、保养记录统计、历次大中修改造记录、运转时间记录、事故记录及履历资料等
2	"三定"制度	由项目设备管理员负责贯彻落实机械设备的"定人、定机、定岗位"的"三定"制度。由分包单位填写机械设备三定登记表并报项目备案
3	安全技术交底制度	机械设备操作人员实施设备操作之前,由项目设备管理员/安全工程师对机械设备操作人员进行安全技术交底
4	定期检查保养制度	(1)机械工程师在每月月初编制机械设备维修保养计划,由设备管理员负责组织、监督专人实施并做好设备的保养检查记录 (2)对分包商提供设备由分包商编制月度维修保养计划并交至生产设备现场管理部处存档,由设备管理员督促实施并做好记录 (3)机械设备的维修由设备管理员督促设备供应商的专业人员进行,并填写"机械设备维修记录"存档备查 (4)严格遵守维护保养制度,根据情况每天或每月留出必要的保养时间,以保证机械设备的正常运转 (5)机械设备发生故障造成事故时,设备管理员应认真填写施工设备事故报告单,报告生产设备现场管理部经理并认真、及时处理

2. 机械设备的使用管理

(1)在机械设备投入使用前,项目设备管理员应熟悉机械设备性能并掌握机械设备的合理使用要点,保证安全使用。

(2)严格按照规定的性能要求使用机械设备,要求操作者遵守操作规程,既不允许机械设备超负荷使用,又不允许长期处于低负荷下使用和运转。

(3)经过防噪处理后机械设备的噪声必须符合环保要求,液压系统无泄漏。

(4)机械设备使用的燃油和润滑油必须符合相关规定,电压等级必须符合铭牌的规定。

(5)不允许任意拆卸固定配置的附属设备及零部件或任意变更机械设备的结构。

(6)对大型机械设备每日运转后,设备司机必须认真填写机械设备运转记录,并在月底交至项目设备工程师处存档。

(7)为施工机械使用创造良好的现场环境,如交通、照明设施,施工平面布置要适合机械作业要求。加强机械设备的安全作业,作业前必须向操作人员进行安全操作交底,严禁违章作业和机械带病作业。

(8)由操作人员每日班前、工作中和工作后对设备进行例行保养,防止有问题的施工设备继续使用,并及时维修;同时对一些小型机具设有备用机械,确保现场施工的顺利进行。

3. 保证机械设备供应措施

(1)编制合理的机械设备供应计划,在时间、数量、性能方面满足施工生产的需要。合理安排各类机械设备在各个施工队(组)间和各个施工阶段在时间和空间上的合理搭配,以提高机械设备的使用效率及产出水平,从而提高设备的经济效益。

(2)根据供应计划作好供应准备工作,编制大型机械设备运输、进场方案,保证按时、安全地组织进场。

(3)加强机械设备的维修和保养工作,提高机械设备的完好率,使计划供应数量满足施工要求。

(4)合理组织施工,保证施工生产的连续性,提高机械设备的利用率。

4. 保证现场机械设备顺利、安全运行的具体措施

(1)现场所投入的大型机械设备中部分属于施工企业自有,部分机械设备需要采购新设备或租用较新设备,租用时需经施工企业设备的人员检查,确保性能优良,安全可靠,并采用一些技术先进、机械化施工程度特别高的机械设备,确保工程施工进度。

(2)实行人机固定,要求操作人员必须遵守安全操作规程,积极为施工服务。提供机械施工质量,降低消耗,将机械的使用效益与操作人员的经济利益联系起来。

(3)遵守技术试验规定,凡进入现场的施工机械设备,必须测定其技术性能、工作性能和安全性能,确认合格后才能验收。

(4)为施工机械使用创造良好的现场环境,如交通、照明设施,施工平面布置要适合机械作业要求。加强机械设备的安全作业,作业前必须向操作人员进行安全操作交底,严禁违章作业和机械带病作业。

(5)由操作人员每日班前、工作中和工作后对设备进行例行保养,防止有问题的施工设备继续使用，并及时维修；同时对一些小型机具设有备用机械，确保现场施工的顺利进行。

(四)施工机械设备应急保障预案

为确保施工工作在应急情况下各职能部门正确履行职责，使应急工作快速启动，高效有序地运转，最大限度地降低各种设备故障造成的影响，特制定本预案。

机械设备应急工作应遵循统一指挥、团结协作和局部利益服从大局利益，一般工作服从应急工作的原则。

所有部门、班组和个人对设备保障工作负有义务和责任，对设备应急工作中表现突出的部门、班组和个人给予表扬和奖励，对失(渎)职等违规行为将按有关规定追究责任。

因机械设备故障、停电等原因造成长时间无法正常施工时，应立即启动设备应急预案。

1. 资金安排

签订合同后，马上准备资金安排施工机械设备的租赁工作。施工企业设立应急资金账户，共 1 000 万元。并且在紧急情况下，公司能够安排资金，在机械租赁市场上就近临时租赁机械设备，保证满足施工的需求。

2. 机械设备渠道

(1)该项目所使用的机械已经全部落实，所有自有设备均为空置设备，其余设备已与有实力、有资质的大型机械设施租赁公司签署了租赁协议，保证中标后上述所有设备均能准时投入该项目使用。

(2)施工企业与多家有实力、有资质的大型机械设施租借公司，有长期、稳定的合作关系，在本项目急需的情况下，能够马上提供相应的机械设备，并保障施工可用机械设备的能力和数量。

(3)一旦中标，施工企业可承诺将该项目列为公司的要点工程，集中所有可用资源(主要为施工机械)投入该项目的施工中。

(4)施工企业将拟订一整套科学、合理的机械维修、养护制度，并派出娴熟的、有资格证书的机械维修技术工人负责对现场所有的施工机械进行正常养护和紧急维修，保证施工机械的正常运作。

3. 应急处置的原则、程序

(1)各部门、班组和个人在设备应急事件处置中应执行"科学预警、紧急处置、统一指挥、分级负责"的工作原则。①科学预警：包括"群策群防"和"科学预测"，充分发挥全体员工的责任感和积极性，把预防和处置设备应急突发事件的责任落实到各相关职能部门和个人。各相关职能部门(个人)应定期检查机械设备，随时掌握机械设备状况，建立灵敏的预警机制，对可能发生的突发事件及时预防和解决，争取把设备应急突发问题解决在萌芽状态。②紧急处置：按照就地就近、及时处置的要求，任何部门、班组和个人接到突发事件信息时，有义务在第一时间报告相关主管部门，并立即采取有效措施进行处置，不得延误。责任部门按应急预案采取紧急处置措施，避免影响施工生产，同时按规定上报相关领导。③统一指挥：对发生各类设备突发事件，由领导小组统一指挥和处置，各职能部门、班组按照职能范围负责处置突发事件，各相关部门和班组应积极协调配合。④分级负责：在突发事件中，各部门、班组和个人按规定及时报告和行动，听从指挥，对分工负责的工作不得推诿回避。

（2）处置程序：①任何部门、班组和个人，一旦发现设备出现故障，应立即向现场调度和机电室报告，现场调度上报领导小组启动相关应急预案。②应急处置预案启动后，在领导小组的指挥下，各应急小组和相关部门以最快的速度采取有效措施，解决故障问题，各相关部门、班组应切实履行各自的职责，把影响降到最小。③突发事件处置程序可简单概括为"定性质、早报告、快处置、保安全"四句简语。

九、资金落实计划（见表 5－9）

表 5－9 某乳制品产业项目资金使用计划表

时间	资金使用情况		备注
	本月使用资金占 本项目整体资金比例（％）	累积使用资金占 本项目整体资金比例（％）	
2022 年 5 月	10.00	10.00	
2022 年 6 月	14.00	24.00	
2022 年 7 月	12.00	36.00	
2022 年 8 月	12.00	48.00	
2022 年 9 月	10.00	58.00	
2022 年 10 月	8.00	66.00	
2022 年 11 月	6.00	72.00	
2022 年 12 月	2.00	74.00	
2023 年 1 月	1.00	75.00	
2023 年 2 月	1.00	76.00	
2023 年 3 月	8.00	84.00	
2023 年 4 月	7.00	91.00	
2023 年 5 月	6.00	97.00	
2023 年 6 月	3.00	100.00	

第二节 某管理局全民文化活动中心建设项目

一、工程概况

本工程为某管理局书院建设项目，位于黑龙江省某管理局。本建设项目是一座集休闲、娱乐、阅读为一体的综合建筑，总建筑面积为 5 885.76 平方米，地上三层，地下局部一层，地下建筑面积为 417.42 平方米，地上建筑面积为 5 468.34 平方米，地上部分首层层高为 5.3 米，二层层高 5.4 米，三层层高 5.5 米，建筑物总高度为 22.95 米。

建筑结构形式：钢筋混凝土框架结构，基础形式为独立柱基础，抗震防烈度为 6

度。建筑结构的类别为二类，合理设计使用年限为 50 年。耐火等级为二级。屋面防水等级为二级，设刚性防水一道加设两道柔性防水，设防做法为隔汽层：涂配套防水涂料结合防水层；3 毫米＋3 毫米厚 SBS 改性沥青防水卷材；屋面保护层 40 毫米厚 C20 细石混凝土掺 3％FS101 防水剂，设宽 30 毫米×深 40 毫米分隔缝，分格缝内填防水密封膏；细石混凝土防水层，应配直径 4～6 毫米间距 100～200 毫米的双向配钢筋网片，钢筋网片在分隔缝处断开；屋面保温层选用 150 毫米厚保温板保温，双层错缝铺设，导热系数0.024 w/(m·K)。外墙围护结构采用 300 毫米厚陶粒砌块＋100 毫米厚防火 A 级岩棉板，局部玻璃幕墙采用 LOW－E 镀膜玻璃传热系数为 2.0。窗采用单框三玻铝塑铝窗，建筑外门窗抗风压性能分级为 3 级，气密性能分级为 6 级，水密性能分级为 6 级，保温性能分级为 4 级，隔声性能分级为 3 级。内墙面面隔墙为 200(300)毫米厚陶粒混凝土砌块；内隔墙为 M5 混合砂浆砌筑，相临电梯井道墙体贴矿棉板隔音。地面采用地热混凝土地面、大理石地面、防滑砖地面、防静电架空地板地面、细石混凝土地面等。内墙面分为刮腻子白色涂料墙面、釉面砖防水墙面、玻岩板吸声墙面、粘贴矿棉吸声板墙面。顶棚分为刮腻子白色涂料顶棚、玻岩板吸声吊顶、铝合金方板吊顶、粘贴矿棉吸声板顶棚。建筑结构为钢筋混凝土框架结构(见表 5－10)。

安装工程包括通风防排烟工程、采暖工程、给排水工程、弱电系统、消防、电梯等多项系统，其中通风采用高温排烟风机一台，防排烟采用碳钢通风管道；电力系统包括变配电、动力和照明等，变电所在地下一层设置，双电源埋地电缆经防水套管引入地下一层，由电缆桥架及保护钢管电缆沟支架至高压室进线柜；给排水系统包括生活用水系统与消火栓系统。生活用水系统由市政管网直接供水。

表 5－10　某管理局全民文化活动中心建设项目混凝土标号表

楼层	混凝土标号	
	柱	梁、板
独立基础	C30	—
满堂基础	C30 P8	—
主体	C30	C30
圈梁、构造柱	C20	C20
悬挑板	—	C30

二、施工部署

本项目工程工期紧，工程量大，需对工程的平面布置、流水施工、立体交叉作业进行周密策划，必要时要组织平行施工，同时土方回填等工作应进行统筹考虑，才能保证各阶段施工顺利进展和衔接。

施工部署遵循"分区分段、各专业有序穿插"的方法进行施工：进场后首先进行柱下独立基础的土方开挖及土方清运工作，在施工时，依据轴线、结构缝等因素考虑划分为五个区域，内部组织流水施工，在基础部分施工后进行土方回填，回填夯实后进行地梁施工，随即进行上部主体、二次结构及抹灰施工，加快外部装饰及屋面的施工，保证 2019 年年末交工。

砌筑、粗装修插入点安排在主体结构完成后插入施工，精装修尽早进场进行深化设计，为正式插入施工创造条件。砌体与粗装修施工完成后，精装修插入施工，机电安装进场后立即开展深化设计工作，预留预埋随结构施工同步进行，热源与正式电及时接通，为机电系统调试创造条件，在总承包管理方面，由总包协调进度和施工作业面的交接，各专业做好节点穿插，形成流水作业。

根据设计图纸及招标文件的相关要求，结合以往项目施工经验，对本工程的整体施工进行了详细周密的部署，具体部署概述如下。

(一)施工部署原则

施工企业结合本工程特点，从人、机、料、法、环等方面制定科学合理的施工部署，确保本工程工期、质量、安全、环境保护等目标的顺利实现(见表 5-11)。

表 5-11　某管理局全民文化活动中心建设项目施工部署原则表

序号		部署原则
1	人	(1)选择综合素质高、具有丰富同类工程施工经验的项目管理人员组成项目部，代表施工企业法人全面履约 (2)选择与施工企业长期合作、劳动力充足的 8 个劳务队伍，根据工程分区情况，分为 4 个班组平行施工，并要求劳务队人员不受"农忙"影响
2	机	(1)结构(塔吊、汽吊、混凝土泵车等)施工、机电安装、装饰装修的施工机具均本着高效、实用的原则最充足配置，共布置 8 台塔吊 (2)项目设立施工机械动力设备保障工作小组，确保施工过程中机械设备能正常、稳定运行，现场设置应急柴油发电机 2 台
3	料	(1)为本工程施工准备资金专用账户，确保专款专用，保证工程材料及时、充足进场，并制订科学的进场计划 (2)建立合格材料供应商管理体系，严格保证进场材料质量 (3)材料进场后有统一的堆场规划，存放安全，尽量避免损耗
4	法	根据本工程现场情况，针对性编制各分部分项工程专项施工方案，施工方案在科学性、安全性的前提下能保证工程施工质量，并缩短施工工期
5	环	(1)与临近施工企业密切配合，做好整个场区平面、交通协调 (2)加强现场文明施工管理，做好防突发事件应急保障措施 (3)做好外部关系协调，确保现场顺利施工

(二)施工部署思路

本工程本着"工程高目标，结构小流水，专业细配合，过程严控制，场地巧安排，设备早订货，专业早插入"的思路进行总体部署。

部署的主要内容包括施工区域及施工阶段的划分、各工序施工的流程安排、各分区及各施工阶段的施工衔接等(见表 5-12)。

表 5-12　某管理局全民文化活动中心建设项目施工部署重点表

序号	部署重点	采取措施
1	土建施工	（1）综合考虑本工程结构缝、工期节点要求，合理分区 （2）进场后首先进行柱下独立基础的土方开挖及土方清运工作，依据轴线和结构缝划分为五个施工区域，组织流水施工，在基础部分施工后进行土方回填，回填夯实后进行地梁施工，随即进行上部主体、二次结构及抹灰施工，保证 2019 年年底完成所有施工任务 （3）安排充足的劳动力，计划投入 120 名木工、80 名钢筋工、2 名混凝土工、60 名砌筑抹灰工 （4）所有顶板及周转架料一次性投入，投 100 吨钢管、4 000 平方米木模板 （5）投入充足的机械设备，共计投入 2 台塔吊
2	砌体、装修插入点	砌体、粗装修插入点安排在主体结构基本施工完成后插入施工
3	机电安装	机电安装进场后立即开展深化设计工作，预留、预埋随结构施工同步进行，在进线室模板拆除后及时插入地下部分管道施工，地上机电管线安装随砌体与装修施工同步进行，首层架体拆除后及时插入主管线安装，在土建井道封闭前完成立管安装，及时插入机房设备安装；热源与正式电及时接通，为机电系统调试创造条件

（三）施工部署关键点

根据设计图纸及招标文件相关要求，结合以往公共建筑的施工经验，对本工程的整体施工进行了详细周密的部署，具体部署概述如下：

施工总体部署关键点，总建筑面积为 5 885.76 平方米，地上三层，地下局部一层，地下建筑面积为 417.42 平方米，地上建筑面积为 5 468.34 平方米，地上部分首层层高为 5.3 米，二层层高 5.4 米，三层层高 5.5 米，建筑物总高度为 22.95 米。建筑结构形式钢筋混凝土框架结构，基础形式为独立柱基础。本工程单层面积较大，总体施工部署存在以下关键点（见表 5-13）。

表 5-13　某管理局全民文化活动中心建设项目施工部署关键点表

序号	依据	关键点
1	招标文件	开工日期：2019 年 6 月 30 日，竣工日期：2019 年 12 月 31 日
2	保证工期	2019 年年底顺利交工
3	现场勘查	临时用电情况为提供两台 315 kV·A 变压器
4	保证工期	塔吊数量、臂长、起重量要满足施工要求

（四）施工区段的划分（见表 5-14）

表 5-14　某管理局全民文化活动中心建设项目施工区域所考虑的因素及思路表

划分区段考虑的因素	现场情况及分区思路
结构缝位置、工期节点要求	根据结构缝划分为五个施工区域

(五)施工总体设想实施准备

1. 施工准备内容

施工准备是工程建设的重要保证，也是施工过程中的一个重要环节和阶段。施工准备工作是为创造有利的施工条件，保证施工项目目标实现而进行的从技术上、组织上和人力、物力、财力的准备，必须根据工程特点、施工条件、合同要求全面考虑，保证开工和施工活动的顺利进行。

工程开工前所进行的一系列施工准备工作主要包括：外部环境方面的施工现场的了解和规划，人员、机械、物资调配，办理与业主的现场交接手续，与业主专业分包方的联系沟通；内部环境方面的技术准备，施工计划准备，施工劳动力准备，主要物资材料计划及临时设施施工准备等工作。

工程开工前，由项目总工程师组织项目部有关技术人员认真熟悉图纸，参加由建设单位组织召开的设计交底、图纸会审和定位桩交接、施工临时水电交接、施工现场勘察；根据施工现场的实际情况和业主的统一要求布置现场临时设施；设计部门进行相关工程图纸深化设计，施工技术部门根据投标方案大纲编制实施性的施工组织设计和分项工程施工方案，并向施工工长和专业施工队进行技术交底和岗前培训，同时按照施工总进度计划的总体安排编制材料进场计划、设备进场计划、人员进场计划。

工程施工准备或开始施工过程中，在不影响工程进度的前提下，积极主动与机电设备系统中涉及的分包单位联系协作，完成土建、机电、给排水工程及其他设备工程的深化设计，各方确认后，提交业主修订审阅，签署确认后作为工程施工的依据。

细心勘查和了解现场的实际情况，从业主和相关部门察看资料取得工程场地范围内的地下情况，制定相对应的保护方案。

考察预拌混凝土供应站的资质和综合实力，选定预拌混凝土的供应厂家，根据施工图纸及现行有关规定提供预拌混凝土供应的有关技术要求(见表5-15)。

表5-15 某管理局全民文化活动中心建设项目施工准备工作内容一览表

序号	工作内容		执行人员
1	与业主联系沟通、做好各项交接		项目各层管理人员
2	图纸学习、会审、技术交底、编制施工组织设计		工程师、技术员
3	与业主专业分包协作完成机电、给排水等专业的留洞深化设计		项目总工程师、专业工程师
4	基础、主体、装饰工程施工预算		预算员
5	根据交接的基准点进行施工放线		测量员
6	施工图纸翻样、报材料计划		各专业施工员
7	临建搭设	实验室	各专业施工员
		配电房、各种库房	施工员、电工班长
		办公用房	各专业施工员
		员工宿舍	各专业施工员
8	施工现场以内电源		电工班长

序号	工作内容		执行人员
9	施工供水管网铺设		施工员、水工班长
10	木工机械等安装		施工员、机械队长
11	钢筋加工机械、设备安装		施工员、机械队长
12	塔吊安装	钢筋混凝土基础施工	专业施工员
		塔吊、验收	机械队队长
13	上报开工报告		项目经理

2. 施工现场交接

(1)现场交接准备。①开工资料交接:签订完施工合同后,会同建设单位及监理单位对开工资料进行交接,开工资料齐全并满足施工要求后,施工企业将即刻组织施工。②施工现场交接。施工企业进驻现场后,根据现场情况,清除遗留在现场的垃圾及杂草,并按照业主有关要求及工程实际情况,进行场地平整等工作,为搭建临时设施做好准备。同时了解建设单位和监理单位对现场临时设施的规划部署,以及施工临时用水、排水和用电点的位置,并按照此部署对施工现场临时设施进行重新规划。根据临时用水、排水及临时用电施工方案,完成临时用水、排水及用电管网的布设工作。③施工现场测量控制点的移交和建立:a.对勘察单位和建设单位移交的测量基准点进行复核;b.依据测量基准点和工程前期业主专业分包单位的测量控制网建立基础、主体结构施工测量控制网,设置工程施工的临时控制测量标桩。

(2)建造施工暂舍:了解业主对现场暂舍的需求及意愿,按照施工平面图和施工设施需求量计划,完成临时暂舍,划分好卫生责任区,为正式开工准备好用房。

(3)组织施工机具进场:根据需用量计划,按施工平面图要求,组织施工机械、设备和工具进场,按规定地点和方式存放,并进行相对应的保养和试运转等项工作。

(4)施工场外协调:办理场外各种手续,特种车辆通行证;走访附近居民,争取谅解;与设计、监理、设计充分沟通,建立正常的工作关系,以利日后工作的开展。

3. 技术准备

在施工过程中,要做到"方案先行",保证"技术指导施工"的原则,就必须做好一切技术准备工作,从而在技术上保证工程的质量和工期。

(1)技术、工程现况资料的调查。①项目的特征与要求调查。收集工程前期资料包括:与工程所有有关的工程特点、工期要求、质量要求、技术的难点资料,为制定创优目标及现场便利施工做好准备。②现场及附近的自然条件调查:对工程地形与环境条件、地下障碍物、工程水文、地质条件、气候进行调查。③建设区域的技术经济条件调查:对工程建设区域内的地方工业资料、地方资源状况、交通运输条件、水电供应条件进行调查。

(2)深化图纸、学习规范图集。①图纸会审:在工程开工前组织工程技术人员熟悉、审阅图纸,将看图过程中发现图纸中存在的遗漏、相互矛盾、实际施工中可能遇到的问题及存在的疑问等整理汇总到深化设计组，在设计交底会上与现场甲方、设计单位协商解决。②熟悉施工图纸，分部位查找列出图纸中遗漏、相互矛盾、实际施工可能遇到的问题及存在疑问的问题项，做出初步汇总。③设计图问题汇总，分门别类列出图纸会审清单在设计交底时向甲方、设计单位以书面的方式提出。④编辑、整理向甲方、设计单位提出各项问题及问题的答复，经其确认后下发有关施工技术人员并整理存档。

第一，图纸深化设计：由设计单位及甲方提供的图纸，有部分是未能达到施工企业为施工要求之深度（即由甲方所提供之图纸之深度，只局限于达到招标图纸深度），施工企业将负责编制及深化未能达到施工要求深度的图纸。

负责编制及深化未能达到施工要求的招标图纸及其详图，必须鉴定上述招标图纸显示部位的构造及尺寸的精确性及可行性，运用其有关之专业知识理解及扩展、深化所需的设计及功能要求。

按合同要求或一般专业性要求、需要和有关管理机构之规定，精心制作和按时提交该施工图及大样图。

绘制的施工图及大样图在各方面都完整和符合规范要求并使甲方和设计单位完全满意。

在获得工程合同后14天内，向甲方提交一份施工详图明细表，以及一份清楚显示施工图、大样图及制作详图之提交时间表供甲方批核，预留最少14天供甲方、设计单位审批，所有之施工图都必须得到设计单位盖章及认可，以供政府部门报批之用。

本工程须制作之施工图及制件详图包括：①临时排水系统。②模板及其支撑细节。③施工缝位置及细节。④精装修大样及安装细节、各类不同装饰之间之接口大样。⑤协调综合机电施工土建图，图纸须显示与电有关之土建工作细节如预留洞、套管、设备底座、支撑等，以及各专业经过商讨确定的机电综合布线图。⑥其他按合同规范及图纸及甲方要求制件详图及大样图。⑦按准确比例绘制并显示各机电设备、管道、线路组成部分的位置图及装置图。⑧其他所需的构件及配件详图。

负责安排约定的专业分包单位，绘制和报批必要的施工图和大样图，并负责总体配合协调工作：为保证总包工程和各分包工程之间的交叉配合，制作必要的协调配合图并在相关工作开始前充裕的时间内报甲方审批。

检查由甲方提供的所有图纸和文件以及经甲方、设计单位审批的施工图、大样图和配合图；如果需要任何进一步的图纸，在相关工作开始前充裕的时间内以书面形式向甲方申请此类图纸。落实图纸和文件中要求的预留洞和预埋件等并在工程实施过程中严格检查落实。

在施工图、大样图和配合图递交给甲方、设计单位审批前，首先对所准备的此类图纸进行审核，并盖上带有说明此类图纸已经核实为与合同文件要求相符请求甲方审批的印戳。

第二，学习规范图集：将工程所需的各种规范、图集、标准、法规及新工艺等在开工前准备齐全，组织有关工程技术人员学习、掌握。

（3）工程技术文件的编制与管理。建立健全项目部技术文件管理机制，严格按照公司技术工作管理办法做好各层次技术文件的编制工作。施工组织设计、施工方案与技术交底是三个不同层次的技术文件，它们组成了指导工程施工的技术文件体系（见图5-3）。作为施工现场技术管理以及工长、技术员向操作班组做技术交底的依据。技术交底将做到整体性、连续性、层次分明、贯彻始终。

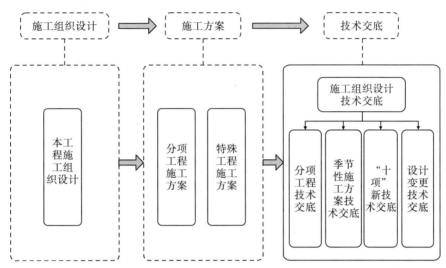

图5-3 某管理局全民文化活动中心建设项目施工技术文件系统图

第一，施工组织设计的完善：修改和完善施工组织设计。按设计图纸要求，根据工程特点结合地质构造、现场环境和本工程具体情况，进一步修改和完善已编制好的施工组织设计，确保工程快速、优质、安全地完成。

第二，主要施工方案的编制计划：根据工程特点和进度计划，提前做好施工方案编制计划，明确编制单位、编制时间、审批单位、并报监理单位审批。

第三，施工技术交底：工程开工前由项目总工程师组织技术人员、质量人员、施工人员、安全人员、班组长进行技术交底，针对施工的关键部位、施工难点、质量和安全要求、操作要点及注意事项等进行全面的交底，各个班组长接受交底后组织操作工人认真学习，并要求落实在各个施工环节之上。

第四，资料准备：施工中严格按国家和行业现行质量检验评定标准和施工技术验收规范进行施工和检查，且遵照佳木斯市建筑工程质量监督站的有关规定，开工前准备好各种资料样表，施工中及时填写并整理，分册保管，待工程竣工后进行移交。

4. 试验、检测准备

（1）试验及检测仪器设备。在各施工阶段投入必要的试验及检测仪器设备，是保证把本工程做成"过程精品"的重要条件之一。因此在本工程中，还将根据各施工阶段的不同要求，配备各种包括对材料、施工工艺、工程实体质量的检测和测试设施。

项目经理部试验管理人员根据已审批的整个工程的试验及检测仪器设备，负责对整个工程的检验和试验进行管理并对整个工程的各类试件确定统一编号，并统一送检各类试件；还负责对整个施工现场的工程材料和工程实体质量的检验试验工作的检查和控制。

在工程现场内设置标准养护室1间，配备养护箱、试模、振动台、温湿度计等设施，用于本项目部负责工程的试块取样和养护工作。

所有试验室均配备试件架，将试件分类编号、码放，保证送检时不混淆。

（2）试验及检测仪器设备管理措施。

第一，总承包试验及检测仪器设备的投入：①在进场施工前，施工企业根据工程特点编制的试验及检测仪器设备计划，综合汇总编制整个工程的试验及检测仪器设备计划，确定各类检测设备的投入量和使用计划。②按照测量和质量检测设施使用计划，调集已有设施进入施工现场。如现有设备不能满足要求，则选择质量检测设施制造商进行采购，以满足工程要求。

第二，专业分包试验及检测仪器设备的投入：①在与分包单位签订合同时，明确要求其配备试验及检测仪器设备。②分包单位进场施工前，要求其编制对应的试验计划并提供检测仪器设备使用计划，并监督其设施进场是否符合计划。

第三，测量、试验及检测仪器设备的管理措施：①施工现场所有测量、试验及检测仪器设备均需建立台帐，设专人管理。②专业分包单位的设施也将纳入施工企业的管理范围内，由施工企业统一管理。③质量检测设施按国家、黑龙江省及佳木斯市的相关规定，定期进行检定，否则不能投入工程使用。④所有检测设施均需有备用设施，防止一旦仪器损坏时造成无仪器可用的现象发生。⑤试验及检测仪器设备设施专人专用，由使用人员按照使用说明书的要求定期保养，按规定持证上岗的必须持有上岗证。⑥仪器损坏后及时送修，并重新检定。⑦大型、精密检测设施与制造商签订保修合同，由原厂进行保养和维修。⑧各种检测设施按规定使用，不得超出使用范围，造成数据不准。

5. 劳动力准备

详见本节"劳动力安排计划"相应内容。

6. 施工机械准备

详见本节"机具配备及材料供应计划"相应内容。

7. 材料设备准备

详见本节"机具配备及材料供应计划"相应内容。

8. 资金准备

（1）建立健全项目资金管理制度：项目的财务管理是保证项目保质保量、按时完工的基本。能保证建设单位的投资效益，保护投资者的根本权益。资金管理的内容包括：固定资金管理、流动资金管理、专项资金管理和施工利润资金的管理。项目资金管理的任务是：正确开辟财源组织资金供应，及时满足生产需求；合理节约使用资金，促进生产发展；合理分配利润，正确处理国家、企业和职工三者之间的利益，严格遵守国家的财政纪律和制度。

第一，固定资金管理。管理要求：正确核定固定资产的需要量，保证项目生产活动的顺利进行，促进固定资产的合理使用，不断提高固定资产的利用效果。

第二，固定资产的日常管理。①固定资产的采购、自制、建造、大修等，都应实行统一计划管理。②对现有固定资产进行归档归口管理，建立相应的责任制。③建立健全固定资产账、卡，统一编制目录；④做好固定资产的核算、调拨、维修、保管、清点、盘点和报废工作。

第三，流动资金管理。①合理组织流动资金供应，保证生产经营需要，合理节约资金周转，以最少的流动资金满足生产需要。②采用分析调整法核定流动资金；施工企业的财务部门负责资金的统一管理，负责组织供应，调度平衡，负责控制和节约使用资金。同时，结合项目分包的实际情况和分包项目的实际需要，实行分级归口管理，实行管用结合，合理节约使用；对储备资金，根据生产需要和材料供应情况，结合库存和资金供应的可能，编制材料采购供应计划，严格根据计划采购，并应就近采购供应，以缩短供应间隔，减少保险储备和在途资金的占用，要改善材料提运、收发保管和加工整理工作，经常检查分析库存材料供需情况和资金占用情况，在保证生产正常进行的情况下，使材料日常储量保持在最低限度，要定期清仓核算，积极处理积压物资，减少超储占用资金。对生产资金，厉行节约，反对浪费，减少生产资金占用量；同时合理地安排施工，缩短生产周期，加快施工进度，集中人力、物力，抓紧竣工收尾，尽可能减少未完工程的资金占用量。

对结算资金和货币资金，加强与建设单位协作，竣工后及时办理工程移交、工程价款结算，遵守结算纪律，抓紧债权债务的清理，尽量压缩各种备用金数量。

财务部门的重要工作内容：有效地控制工程投资，保证工程质量是工程项目部的重要权利和义务。项目经理必须按国家的有关法律法规和企业的各项规章制度做好该项工作。项目全部工程费用的资金管理和流动都在项目合约财务部进行。付款程序：合约财务部提出付款申请，经工程技术人员、预算人员签字确认，报项目部经理审核签字，办理资金使用手续。资金使用过程中出现的特殊情况由项目部协商，报企业总部备案实施。

(2)制订相关资金财务计划。

第一，编制资金流量计划。施工企业按照进度计划编制资金流量计划是资金管理的首要工作，是协助业主进行资金管理的有效控制手段。施工企业在工程开展的前期阶段，将积极协调有关各方，在和业主、设计院、监理单位充分磋商明确有关各方意图和要求的基础上，深化工程投标阶段的进度计划大纲，形成具有针对性和可操作性的施工进度计划。施工企业在此基础上编制项目资金流量计划(见图5-4)。

第二，综合现金流量计划。综合现金流量计划是指合同范围内所有工程项目的流量计划，它提供有关工程资金需求的全面需用计划。综合资金流量计划由施工企业根据工程组织情况进行编制并提供给业主。综合资金流量计划是业主组织工程建设资金的重要依据，是业主充分利用、统筹自有资金、保障自身利益的有效手段。综合资金流量计划的编制程序如下：

综合资金流量计划的动态管理和控制：在业主授权下的项目资金管理是一个不断

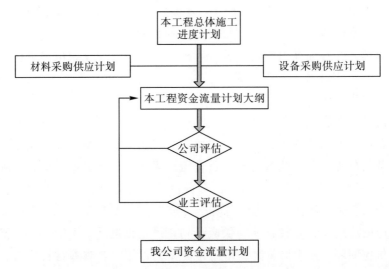

图 5-4 某管理局全民文化活动中心建设项目本工程资金流量计划流程图

调整、变化的管理活动，是建立在工程进度基础上的一个动态过程。

综合资金流量计划的审查评估：图 5-5 为项目内部综合资金流量计划审查评估程序，在向业主报出综合资金流量计划前，将按照该流程工作。

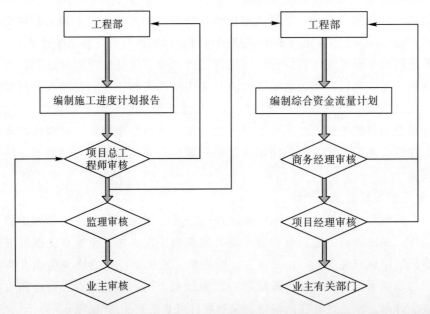

图 5-5 某管理局全民文化活动中心建设项目本工程资金流量计划审查评估图

综合资金流量计划的实施：综合资金流量计划根据工程施工进度计划制订，工程运行过程中施工企业根据综合资金流量计划及时向业主提出资金筹备建议，确保项目工程款准确到位，确保各种款项支付及时准确。按照施工组织安排"紧急先付，暂缓后付"。在保证生产同时降低业主资金压力，减少不合理支付占用资金，提高业主资金使用效率。综合资金流量计划的管理和实施由项目经理领导，由商务经理具体操作，工程施工过程中其具体管理实施程序如图 5-6 所示。

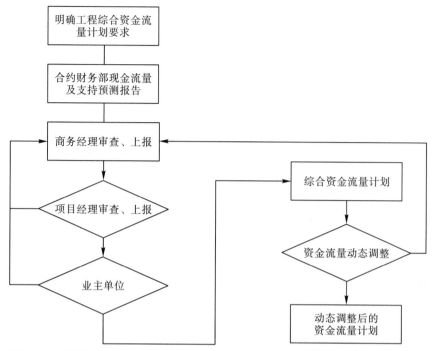

图 5-6 某管理局全民文化活动中心建设项目本工程资金流量计划实施图

(六)工期目标

计划开工日期为 2019 年 6 月 30 日,计划竣工日期为 2019 年 12 月 31 日,共计 184 日历天。

三、总进度计划及总进度计划的管理和控制

(一)施工进度计划编制依据

根据招标文件工期控制点,结合工程特点,将整个工程分解为以下几部分进行控制:施工准备阶段,土方施工阶段,基础施工阶段,地上结构施工阶段,二次结构、屋面、室内外装饰、土建配套机电工程、室外工程阶段及竣工验收阶段。以确保每个工期控制点为原则,合理安排每一部分的插入时间及工序、工期安排,同时,充分考虑到各专业分包及独立分包的进场及施工时间,编制本工程的总体施工进度计划,进而控制各分部和单位工程工期。

(二)详细工期安排计划及横道图

本工程招标单位要求工期 184 日历天,施工企业的投标工期为 184 日历天,即 2019 年 6 月 30 日开工,2019 年 12 月 31 日竣工。

1. 施工准备阶段

工程拟定开工日期为 2019 年 6 月 30 日,节点目标为 2019 年 6 月 30 日—2019 年 7 月 5 日。本阶段为总包的全面进场做准备(包括技术准备、计量准备、劳动力进场准备、机械进场准备、材料设备准备、资金准备),临时设施建设、测量定位、临时水电

布设,在紧张短暂的 6 天里,按计划紧密有序地安排好每一项工作,为下一阶段施工打下坚实的基础。

2. 土方施工阶段

2019 年 7 月 6 日进行土方施工,历时 6 日历天。

3. 基础施工阶段

2019 年 7 月 12 日土方工程已完成,考虑工序的合理穿插,2019 年 7 月 10 日工程进入垫层及地下结构施工,2019 年 7 月 31 日完成至±0.000,历时 22 日历天。

实施中±0.000 以下结构按常规顺序正常施工,各专业配合预留、预埋工作,随进度进行插入。

土方回填于 2019 年 7 月 29 日开始,2019 年 8 月 3 日回填结束,历时 6 日历天。

4. 地上结构施工阶段(主体混凝土部分)

本阶段是在地下结构阶段工序基本完成的基础之上,各种重要的制约工序已经捋顺,是全面抓进度、促质量的关键阶段。

主体结构按正常顺序施工,各专业配合预留、预埋工作,按照进度计划组织进行相应的机电安装施工的插入。

本阶段于 2019 年 8 月 1 日开始,2019 年 8 月 25 日完成,历时 25 日历天。

一层:12 日历天,二层:7 日历天,三层:6 日历天。

5. 二次结构、屋面工程阶段

本阶段进行砌筑、内墙抹灰及屋面工程。

本阶段计划砌筑于 2019 年 8 月 20 日开始,2019 年 9 月 5 日完成,历时 16 日历天。

门窗安装于 2019 年 9 月 1 日开始,2019 年 9 月 7 日完成,历时 7 日历天。

内墙抹灰于 2019 年 9 月 5 日开始,2019 年 9 月 20 日完成,历时 16 日历天。

屋面施工于 2019 年 8 月 27 日开始,2019 年 9 月 25 日完成,历时 30 日历天。

各专业配合预留、预埋工作,按进度计划组织进行相应的机电安装队伍插入。

6. 室内外装饰装修、机电安装及室外工程施工阶段

室外装饰于 2019 年 9 月 5 日开始,2019 年 10 月 10 日完成,历时 36 日历天。

室外散水及台阶于 2019 年 10 月 11 日开始,2019 年 10 月 20 日完成,历时 10 日历天。

室内装饰于 2019 年 9 月 20 日开始,2019 年 11 月 25 日完成,历时 66 日历天。

室内地面工程于 2019 年 10 月 1 日开始,2019 年 11 月 15 日完成,历时 46 日历天。

室内吊顶工程于 2019 年 11 月 16 日开始,2019 年 12 月 15 日完成,历时 30 日历天。

7. 水电调试及竣工验收阶段

水电施工按照土建施工进度进行:

水电工程调试于 2019 年 12 月 16 日开始,2019 年 12 月 20 日完成,历时 5 日历天。

卫生清理于 2019 年 12 月 20 日开始,2019 年 12 月 25 日完成,历时 5 日历天。

竣工验收于 2019 年 12 月 25 日开始,2019 年 12 月 31 日完成,历时 6 日历天。

8. 施工进度计划及横道图（见图5-7）

代码	工作名称	最早开始	最早结束	计划时长
-所有任务				
1	施工准备	2019年06月30日	2019年07月05日	6天
2	土方开挖	2019年07月06日	2019年07月11日	6天
3	基础工程	2019年07月10日	2019年07月31日	22天
4	主体结构施工	2019年08月01日	2019年08月25日	25天
5	砌筑工程	2019年08月20日	2019年09月05日	17天
6	门窗工程	2019年09月01日	2019年09月07日	7天
7	内墙抹灰	2019年09月05日	2019年09月20日	16天
8	屋面工程	2019年08月27日	2019年09月25日	30天
9	室外装饰	2019年09月05日	2019年10月10日	36天
10	室外散水及台阶	2019年10月11日	2019年10月20日	10天
11	室内装饰	2019年09月20日	2019年11月25日	67天
12	室内地面工程	2019年10月01日	2019年11月15日	46天
13	室内吊顶工程	2019年11月16日	2019年12月15日	30天
14	水电施工	2019年07月10日	2019年12月18日	162天
15	水电工程调试	2019年12月16日	2019年12月20日	5天
16	卫生清理	2019年12月20日	2019年12月25日	6天
17	竣工验收	2019年12月25日	2019年12月31日	7天

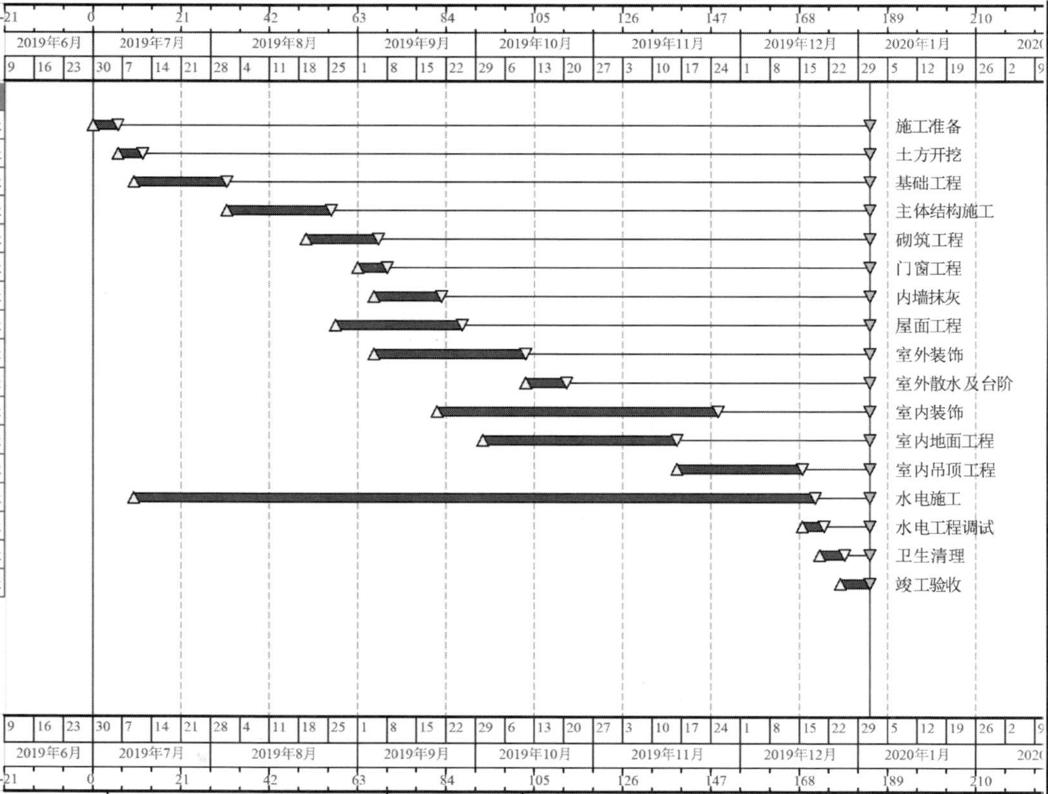

代码	工作名称	最早开始	最早结束	计划时长

开始	2019-06-30
结束	2019-12-31
总工期	185
时间单位	天

第1-1页 共1×1页

图5-7 某管理局全民文化活动中心建设项目本工程施工进度计划及横道图

(三)重点节点计划安排、里程碑计划

1. 重点节点、里程碑计划

为保证施工有序的进行，施工企业制订下述节点控制计划，并严格按照此计划进行生产施工(见表 5-16 和表 5-17)。

表 5-16　某管理局全民文化活动中心建设项目总体节点控制计划表

序号	节点工程名称	节点控制工期
1	计划开工时间	2019 年 6 月 30 日
2	计划竣工时间	2019 年 12 月 31 日

表 5-17　某管理局全民文化活动中心建设项目施工节点控制计划及里程碑计划表

序号	节点工程名称	节点控制工期
1	土方施工	2019 年 7 月 12 日
2	基础施工	2019 年 8 月 3 日
3	地上主体混凝土结构施工	2019 年 8 月 25 日
4	砌筑工程	2019 年 9 月 5 日
5	外立面装饰装修	2019 年 10 月 10 日
6	屋面施工	2019 年 9 月 25 日
7	室内装饰装修	2019 年 11 月 25 日
8	机电安装工程	2019 年 12 月 20 日
9	竣工验收	2019 年 12 月 31 日

施工企业将严格按照已定的节点工期进行组织施工，在施工过程中，采取强有力的组织措施、技术措施等有条不紊、顺利地完成施工任务。

本工程招标单位要求工期 184 日历天，施工企业的投标工期为 184 日历天，即 2019 年 6 月 30 日开工，2019 年 12 月 31 日竣工。

2. 施工进度计划实施及控制

(1)施工进度计划审批后，由项目部报监理工程师确认，然后由技术负责人依此为依据编制施工任务书，下达整个班组。

(2)在任务实施过程中要做好记录，任务完成后及时回收，作为原始记录及业务核算资料。

(3)在施工进度计划实施过程中，由项目经理牵头做好以下工作：施工进度计划审核批准后，进行跟踪计划的实施，加强监督，发现计划执行受到干扰，积极采取调整措施。及时在计划图上进行监督，跟踪记载每个施工过程的开始时间和结束时间、日完成数量、现场发生的各种情况，以及干扰因素的排除情况。计划实施过程中，应执行开工及竣工的各项承诺。跟踪做好形象进度、工程量、耗用人工、材料、机械台班等的数量统计与分析，为进度控制提供反馈信息。根据控制进度的需要，将控制的各

项措施具体落实到执行人，提出目标、任务、检查方法和考核办法。

(4)施工过程中将分包工程的施工进度纳入项目部的进度控制范畴内，并协助分包人解决进度控制中的相关问题。

(5)在进度控制中保证资源供应计划的实现是确保施工进度计划落实的关键。

发现资源供应出现中断，供应数量不足或供应时间不能满足要求时，及时采取措施满足施工进度的要求。由于设计变更、施工变更等引起资源需求的熟练变更和品种要求，应及时变更资源供应计划，满足施工进度要求。

3. 关键线路控制

关键线路及工期节点安排的分析如下：土方施工→垫层→独立基础→独立柱施工→外墙砌筑→地上主体结构→砌筑→门窗安装→抹灰→地面→涂饰→屋面工程→机电工程→工程竣工验收。

(四)总进度计划的管理和控制

1. 进度计划编制原则

为保证各阶段目标的实现，除了抓紧进行施工前的各种准备工作之外，将采取以下施工步骤：

(1)根据平面布置原则和流水段划分原则，尽快创造条件，组织各区段内流水段的施工。

(2)装修工程、机电工程在主体结构施工阶段及时插入，交叉进行施工。

(3)协助业主和相关单位抓紧进行专业分包工程、待定项目工程及独立承包工程的招标和队伍选择，以满足专业分包工程按计划实施。

(4)协助业主和相关单位进行材料设备选型、招标，满足材料设备按计划进场。

2. 进度计划编制形式

为实现各阶段目标，采取四级计划进行工程进度的安排和控制。各计划的编制均以上一级计划为依据，逐级展开。四级施工进度计划通过总进度计划、旬计划、月计划和周计划的形式来体现。

(1)总进度计划：以合同要求的工期和合同中规定的工作内容为依据编制的总控制计划，是为施工总决策人提供的一个概要性计划。

(2)旬计划：该计划是承包商进行计划管理的主要进度计划，是施工管理按照规定向甲方提交每季度施工进度报告的基础，其内容是对总进度计划的细化。

(3)月计划：是总承包商作为当月工程施工的主要计划，该计划要体现出机械设备使用状况、必要的临时工作、各项工程内容工作的持续时间和施工顺序，以及各分包商之间交叉配合的安排。向甲方提交月进度计划中还包括工程进度照片。

(4)周计划：是详细的阶段进度计划和实现总进度计划的根本保证，该计划是施工企业施工进度管理的重点。为响应甲方的招标文件，施工企业每周提交一份周报告，内容主要包括各种人员数量，各种主要机械设备和车辆的型号、数量、台班，工作的区段，天气情况记录，特别事项说明，上周进场物资、设备的分类汇总表，用于次周的工程进度计划等。为科学合理地安排施工先后顺序，以及充分说明工程施工计划安排情况，施工企业在多年施工总承包实践中，总结出具有实际操作的多级计划管理体系，如图5-8所示。

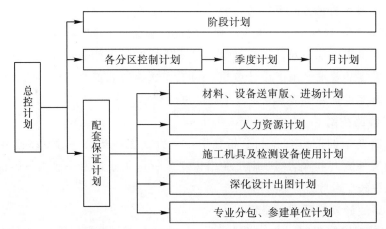

图5-8　某管理局全民文化活动中心建设项目多级计划管理体系图

在开工日期起7天内，施工企业将提交一份详尽的施工进度计划，施工进度计划包括预期的施工方法、施工阶段和次序、设计、采购、建造、安装、试运行、移交等内容。同时包括所有专业分包工程、发包人发包工程的工作。

3. 进度计划的动态控制

施工进度计划的控制是一个循序渐进的动态控制过程。施工现场的条件和情况千变万化，项目部将及时掌握与施工进度有关的各种信息，不断将实际进度与计划进度进行比较，一旦发现进度拖后，认真分析原因，并系统分析对后续工作所产生的影响，在此基础上制定调整措施，以保证项目最终按预定目标实现。

（1）计划对比。①进度对比基线确定。总体进度计划：施工企业将以施工合同中约定的竣工日期为最终目标，考虑工艺关系、组织关系、搭接关系、劳动力计划、材料计划、机械计划及其他保证性计划等因素编制总体进度网络计划，确认关键线路，同时将地下结构施工、主体结构封顶、机电设备安装插入等时间作为关键时间点，进行分阶段控制。总体进度计划经过甲方、监理、总包共同确认后作为总体进度计划控制的基线及衡量总体进度偏差的标准。各主要子分部分项工程进度计划：在总体进度计划的控制下，对各主要分部分项工程编制子计划，同时督促指导各专业承包商依据总体进度计划编制专业施工总进度计划，以批准后的分部分项子计划作为控制基线，在施工过程中，为避免计划实施出现较大的偏差，分部分项计划以周计划为实施单元，以月计划为阶段控制。②进度计划编制。总体进度计划用网络图进行表示，以确定关键线路及相关工序搭接关系，月、周计划作为有效的进展报告，用横道图表示，统一用Project软件进行编制，各分承包商每月25日提供次月施工计划，每周五提供次周施工计划。月计划包括与之相应的配套计划：有劳动力计划、材料供应计划、设备供应及使用计划、技术质量配合计划、现场条件准备计划、工程款收支计划等。周计划包括生产进度计划、设备材料进场计划、劳动力和机械设备使用计划、现场条件准备计划、上周计划控制记录和原因分析。③计划对比方法。在项目进度计划管理中，采用国际通用的计划评审技术（PERT）、关键线路法（CPM）和优先序图法（PDM），依照进度基线及实际进度情况，进行对比分析。④计划对比实施。总、分承包单位成立由项目经理、生产负责人、计划人员、作业队长、班组长参加的项目进度控制体系。总承包单位跟踪计划的实施并进行监督，分承包单位必须及时反映干扰问题，当发现进度计划与实际进度超过允许偏差时，实施纠偏措施。每天早上 8：30 各分承包单位项目经理与总承包单位项目经理碰头，解决影响施工进度的重大问题。每天进行总、分包单位生产协调会，各分承包单位汇报当日生产进度，劳动力机械数量及生产效率、有无窝工情况、影响进度的原因等，与周计划进行对比，根据当天工程完成情况进行第二天的生产安排、材料进场安排，以及对相关制约因素的预测等。

（2）计划偏差的原因分析。出现进度偏差的原因主要有：资源供应中断，供应数量不足，供应时间不能满足要求；由工程变更引起的资源数量品种变化；管理人员数量不足或能力不能达到要求。①计划进度偏差标准：如关键线路施工工序进度落后计划 3 天以上，非关键线路施工工序进度落后计划 5 天以上者，进入纠偏程序，根据偏差的具体情况，采用赶工或快速跟进的方法进行纠正。②赶工方法：关键线路出现实际进度落后计划的情况，项目部在进行认真研究分析之后，在相关工序上投入更多的人力物力，在最低费用的前提下将关键线路合理缩短。具体措施包括利用施工进度网络图找出关键线路，并明确总工期；确定关键线路上每道工序的赶工费用及可调整的赶工时间；将投入最少、可缩短时间最多的工序挑选出来，将人力物力投入该工序中进行赶工，如调整后工期达到计划要求，则进度纠偏完成，如仍然达不到计划要求，则继续在关键线路中寻找合理的工序进行赶工；每一道工序调整后，必须利用网络图对关键线路进行监测，如发生关键线路有改变的情况，则依据新的关键线路进行合理赶工工序挑选。③快速跟进方法：如发生非关键线路落后进度计划的情况，则使用快速跟进的方法，具体包括分析整个网络图及关键线路，看有哪些工序可平行进行施工，不涉及紧前紧后关系，使得多工序平行施工；分析后，挑选出增加费用最低的可调整工序，投入更多的人力物力将其提前上来，与计划先施工的工序平行施工；每一道工序调整后，必须利用网络图对关键线路进行监测，如发生关键线路改变，则依据新的关键线路进行合理的工序挑选；在采用快速跟进方法的时候，必须加大项目部管理力量，因为超计划的多道工序并行施工，需要更多的监督和协调、控制，需要更大的管理力度。

四、详细的工期技术措施与组织措施

本工程分项多，工程量大，在保证质量和安全的基础上，确保施工进度。施工中以模块计划的总进度为依据，编制专项计划。按照不同的施工阶段、不同的专业工程将工程的施工进度分解为不同的进度分目标，同时配备各项管理、技术措施为保证手段，进行施工全过程的工期动态控制。要实现对未来工作的预判和预控，所有的工作穿插必须提前规划，按计划实施，做到"预见问题，解决问题""关键时间解决关键问题"。

根据施工总体计划安排及综合平衡，2019 年 12 月 31 日工程竣工是完全有把握的，拟采用以下十二项措施予以确保，如图 5-9 所示。

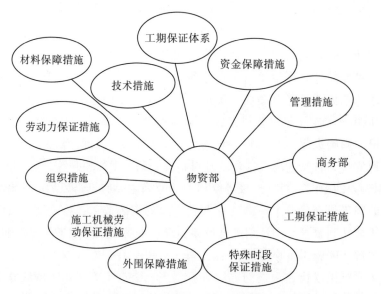

图 5-9　某管理局全民文化活动中心建设项目工期保证措施图

(一)工期保证体系

综前所述，集团、分公司、项目部将对各节点进行分级监管。

(1)集团对项目一级节点全面监管，二级节点重点监管，并设置计划管理副总监控所有总包负责节点的执行情况。

(2)分公司对项目所有节点进行全面监管。

(3)为了实现总工期目标，拟成立以项目经理为组长，生产负责人及总工程师为副组长，各职能部门负责人和各分包负责人参加的工期保证领导组，并通过建立工期保证责任制和奖惩制度，对各分项工程进度进行有效控制，形成自上而下分解目标，自下而上保证目标的工期保证体系，从组织上、制度上、措施上保证总工期目标的实现。选派长期在各个工程指挥岗位、具有丰富施工组织指挥经验的人员担任各主要部门负责人；挑选具有长期类似工程施工操作经验，较强技术素质和专业技能的青壮技工担任现场主要工序操作者；安排年富力强有较强管理、业务能力的技术人员组成一线管理队伍，配备足够的业务尖子担任技术主管和各项业务主管，确保工程顺利实施。

(4)各分包商项目经理是分包进度管理的第一责任人，并通过分包合同约定，要求各分包商设置专门的计划工程师，配合总包的进度管理工作。

(二)前期准备

施工企业不仅有完善的材料供应商服务网络，同时还拥有一大批重合同、守信用、有实力的物资供应商，已做好各种材料进场的充分准备，有能力确保按工程进度作好材料供应。

施工企业已与整建制的有类似工程施工经验的劳务队伍签订了合作意向书，以保证劳务队伍及时进场。

(三)组织措施

1. 施工进度组织系统

施工进度组织系统是实现施工进度计划的组织保证。项目部及各分包商的各级负责人，从项目经理、项目副经理、项目总工程师，以及各专业负责人、各分包负责人、班组长和有关人员组成了项目进度组织系统。

2. 施工进度控制组织系统的主要职责简述

以上组织机构系统既要严格执行进度计划要求、落实和完成各自的职责和任务，又要随时检查、分析计划的执行情况，发现实际进度与计划进度发生偏离时，能及时采取有效的措施进行调整、解决。即施工进度组织系统既是施工进度的实施组织系统，又是施工项目进度的控制组织系统，既要承担计划实施赋予的生产管理和施工任务，又要承担进度控制目标，对施工进度控制负责，以保证总进度目标的实现。

3. 施工进度控制的组织措施

根据本工程的实际特点，施工企业将强化项目管理，推行项目法与职能并进的复合式总承包管理模式，实行项目经理负责制，负责施工的全过程。项目部根据工程的实际情况，以及公司的各程序文件，编制项目部《管理制度汇编》，项目部每位成员明确职责，各负其责确保工期目标的实现。在《管理制度汇编》中，明确项目员工的工作原则，工作范围，力求做到责、权、利明确、统一。

4. 订立进度控制工作制度

制度内容包括：进度计划执行情况的检查时间、检查方法，进度协调会议制度等，建立生产例会制度。在总进度计划控制下，安排周、日作业计划，在例会上对进度控制点进行检查是否落实。每日各专业施工进度、施工区域情况汇总提供给各专业施工方和分包商，以便互相做好协调工作，以免发生冲突。

落实各层次进度控制人员的具体任务和工作职责：项目经理对工程总工期负全面责任，项目副经理对工程总工期的日常执行情况及阶段目标负责；项目副经理对月计划、阶段计划的执行负直接责任；职能部门及各分包负责人对周计划、月计划的执行情况负责；项目总工程师负责组织进度计划的策划、制订、检查、分析、更新。

确定施工进度目标，包括总工期目标、阶段目标、分部分项工程目标、月(周)进度目标，以及相关资源的配置目标等。

施工进度总目标根据施工总进度计划确定，然后对总目标进行一系列的从总体到局部、从高层次到基础层次的层层分解，一直分解到在施工现场可以直接调度控制的分部分项工程或作业过程的施工为止，形成实施进度控制、相互制约的目标体系。在分解中，每一层次的进度控制目标都限定了下一层次的进度控制目标体系，通过对最基础的分部分项工程的施工进度控制来保证阶段工程进度控制目标的完成，进而实现施工进度总目标。本工程进度控制目标体系示意图如图 5-10 所示。

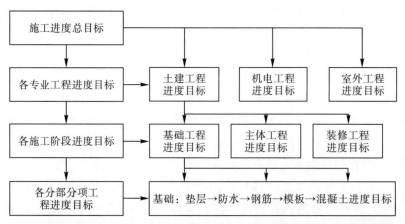

图 5 - 10 某管理局全民文化活动中心建设项目进度控制目标体系结构框架示意图

(四)技术措施(见表5-18)

表 5 - 18 某管理局全民文化活动中心建设项目技术措施表

序号	措施项目	措施内容
1	加强深化设计的组织，提前进行各关键工序的深化设计	本工程多项分项工程等需要大量深化设计工作，工程组织机构中设置专门的设计协调部和专家顾问组，专职负责协调并实施深化设计工作，与发包人和设计建立有效的协调机制，保证发包人和设计的意图迅速传达到深化设计工作中
2	提前完善各主要分部分项工程和重点、难点的施工方案	在本施工组织设计中，施工企业分析了本工程多项在施工中需控制的重点和难点，这些均对整个施工进度有重大影响，在施工组中对此进行了深入细致的探讨，写出了现阶段较可行的方案。进场后，项目总工程师将组织技术质量部各专业技术人员，进一步针对现场条件和施工生产情况，对这些重点、难点进行研究，进一步确定方案的可行性和可操作性，并报监理、发包人审批
3	做好季节性、特殊环境施工准备	提前做好季节性、特殊环境(如室内照明、施工用电等)有针对性的施工前准备工作，作出各种紧急情况下的应急预案，以便在计划外的意外条件发生时，能适时启动应急方案，将意外情况对进度的不利影响降至最小

1. 方案的编制

编制有针对性的施工组织设计、施工方案，并进行详细的技术交底。制定详细的、有针对性、操作性强的施工方案，从而实现管理层和操作层对施工工艺、质量标准的熟悉和掌握，使工程施工有条不紊的按期保质保量地完成。例如，针对工期特点，编制雨季施工措施，将天气影响降低到最小。

2. 变更的处理

设计变更对工程进度影响很大，其中改变工程的部分功能，加大工作量，打乱施工流水节奏，使施工减速。针对这些现象，项目经理部要通过了解图纸与业主意图，进行自审、会审和与设计院交流，采取主动姿态，最大限度地实现事前预控，把影响降低到最低。

3. 推广应用"四新技术"

发扬技术力量雄厚的优势，大力应用、推广"四新技术"（新技术、新工艺、新材料、新设备），运用 ISO 9001 国际质量标准、TQC、网络计划、计算机等现代化的管理手段为本工程的施工服务。并充分利用施工企业现有的先进技术和成熟工艺，保证质量，提高工效，保证进度。

4. 其他技术措施

(1)施工进度控制的技术措施主要包括：尽可能采用先进施工技术、新方法和新材料、新工艺；落实施工方案，在实际进度与计划进度发生偏差时，能适时采用计划调整技术，指导现场施工，纠正偏差。

(2)由于本工程专业较多，施工企业将制定二级、三级工期网络，节点控制、进行动态管理，合理、及时地插入相关工序，进行流水施工。

(3)利用计算机技术对网络计划实施动态管理，通过关键线路节点控制目标的实现来保证各控制点工期目标的实现，从而进一步通过各控制点工期目标的实现来确保总工期控制进度计划的实现。

(4)根据总工期进度计划的要求，强化节点控制，明确影响工期的材料、设备、分包商的考察日期和进场日期，加强对各分包商的计划管理。明确部分材料设备计划定货日期、进场日期和分承包商的考察时间及进场时间。

(5)将该工程列为科技推广示范工程，推广应用先进适用技术和科技成果。充分依靠科学技术、发挥科学技术是第一生产力的作用和对工程质量、工期的保证作用。

(6)项目技术质量部在项目总工程师的领导下，协助设计公司对土建、安装、装饰的各个专业进行深化设计，尤其是同一部位的各种专业管线深化为同一张施工图，便于安装施工的协调，使施工企业的施工作品更好地体现设计师的意图。同时减少设计变更返工，在保证工期的基础上建成真正意义上的精品工程。

(7)针对工程特点和难点采用多项先进的施工技术、施工工艺，可在确保工程质量的基础上大幅提高施工速度，缩短施工工期，从而保证各阶段工期目标和总体工期目标。

(8)现场有针对性地做好成品保护，杜绝返工、返修现象。

(9)采用过程控制，施工过程中全方位、多角度控制施工质量，保证一次校验合格，避免因整改返工而影响工期。

(10)合理优化布置现场总平面，尽量减少现场二次转运，节省人力、物力、加快施工进度。

(11)成立施工进度控制 QC 小组。

五、管理措施

（1）合理调整混凝土浇筑时间和模板制作安装时间，减少因施工对周围办公人员的影响，同时也是克服环境因素影响、保证工期的重要措施。

（2）建立生产例会制度，每个星期召开2次工程例会，围绕工程的施工进度、工程质量、生产安全等内容检查上一次例会以来的计划执行情况。每日召开各专业碰头会，及时解决生产协调中的问题，并落实前一天中各种问题的解决情况；不定期召开专题会议，及时解决影响进度的有关问题。

（3）施工配合即前期施工准备工作，拟订施工准备计划，专人逐项落实，确保后勤保障工作的高质、高效。各分包队伍进场之前要与总包方签订工期和质量保证协议书。

（4）对于分包队伍必须根据施工企业总体工期的要求，编制分包工程的月、旬、周、日，以及关键工序的小时计划；审核批准分包的计划，重点是理顺各道工序间的搭接关系；明确工期计划的支持计划（专业分包材料设备的考察时间、材料设备的进场时间、材料设备分供方的考察时间等）。

六、材料保证措施

（1）施工企业已将施工前期所需要的部分钢筋、模板落实了货源，周转架料已在施工企业其他项目进行了准备，对于各种专业分包材料，项目部提前制订好考察计划，材料进场时间。材料、设备的考察和进场计划要与各道施工工序相一致，并制定材料、设备的考察和进场时间的网络控制，经业主审核同意后，项目部将严格按照材料和设备计划网络控制图落实材料的考察和进场时间，以保证施工进度的顺利进行。

（2）技术和材料部门在对材料和设备进行考察期间，要严把质量关，对于不合格的材料和设备不得使用；对于每一批进场的材料和设备要严格按质量要求进行检验，并经监理验收合格后才允许使用。从而在保证材料设备质量的基础上，确保工程进度的顺利进行。

七、施工机械保证措施

为保证施工机械在施工过程中运行的可靠性，施工企业还将加强管理协调，同时采取以下措施。

（1）本工程一旦中标将作为施工企业重点工程，指派有同类型建筑施工经验的项目部整体进场，避免重新组建项目需要的磨合期，建立强有力的管理班子，全面负责项目诸项要素的管理，按项目法的模式落实好责、权、利挂钩的全额承包，拟订作业计划、控制点，强化目标管理，最大限度地调动全体员工的积极性。

（2）加强对设备的维修、检验和保养，对机械易损件的采购储存。

（3）对塔吊、混凝土搅拌站、钢筋加工机械、木工机械、焊接设备，落实定期检查制度。

（4）为保证设备运行状态良好，加强现场设备的管理工作。

(5)选择资信良好，有成功合作经历的劳动力分包方，确保劳动力等的持续、稳定供应。

(6)由于施工企业本身拥有各种齐全、性能先进的施工机械设备、测量仪器设备。为保证本工程的工期计划需要，施工企业拟在本项目投入大量的机械设备，这些投入不仅对工期计划有保障，在合理安排的条件下也可降低工程成本。

八、特殊时段的保证措施

本工程拟定施工时间为 2019 年 6 月 30 日至 2019 年 12 月 31 日，在此期间将经历我国传统节假日和法定节假日，对这些特殊时段施工企业应采取如下措施。

(1)如政府部门未明令禁止施工，施工现场保持连续正常的施工生产，确保工程总控制进度计划的有效实施。

(2)施工现场管理人员坚守工作岗位，根据实际情况轮流安排管理人员调休，并在此之前做好工作交接，确保工作的连续性。

(3)加强现场检查与巡视，落实预防措施，杜绝事故隐患。

(4)材料部门根据特殊时段的市内交通状况，提前落实运输材料进场车辆的行驶路线，确保材料运输的及时与通畅；对委托加工的半成品、构件提前与加工厂商联系，由加工厂商提前加工或安排加班生产，以确保半成品、构件能按照原定计划组织进场。做好材料的储备工作，并做好相关材料的检测工作。

(5)节假日现场监理工程师可能会放假休息，项目部应提前与监理工程师预约，保证现场有监理工程师值班，以确保隐蔽工程或中间验收工作的连续性。

(6)特殊时段施工时要特别加强现场文明施工管理、消防管理、防噪声、防尘处理措施，保持良好的现场形象、维持现场及周围的市容环境整洁。

九、资金保证措施

施工企业具备良好的资信、资金状况，在本工程中对资金专款专用，同时储备足够的流动资金，按照工程进度及时投入资金，以保证工程中大量材料、机械及劳动力及时进场，确保工程在合同工期内顺利完工。

十、劳动力保证措施

(一)劳动力数量的保证措施

本工程劳动力将在与施工企业配合多年的劳务队伍、分包队伍中选择最优秀的作为本工程的施工队伍。这些队伍都是成建制且有分包资质，与施工企业共同完成过许多类似工程的施工，能够连续施工，保证不受农耕、麦收的影响。同时还将选出一部分重点工种技术水平高，人员素质好的队伍做为备用，并与之签订协议，保证满足本工程施工的重点工种在人员数量上和技术水平上的需要。

施工企业将与劳务分包人依法签订分包合同，并按照合同条款履行义务。合同中明确约定支付分包工程款时间、结算方式，以及对劳动力数量、素质、进出场时间的要求。

充分发挥经济杠杆作用，定期开展工期竞赛，进行工期考核，奖优罚劣，激发各劳务分包商保证劳动力投入的自觉性。

(二)劳动力质量的保证措施

(1)严格执行企业 ISO 9001 认证体系运行文件，在企业的合格分包商名录中择优选择劳务作业队伍。

(2)劳务分包合同中明确约定：进场人员必须持有各类岗位资格证书，其中高、中级工所占比例不少于90％。

(3)劳务分包进场后，及时组织对工期、技术、质量标准交底，进行安全教育培训等；施工中，定期组织工人素质考核、再教育。

技术部、工程部、质量部、安监部联合选择施工队伍和分包队伍，由技术负责人负责确定。对所有施工人员进场前进行入场教育、验证、考核等工作，对于保证工程质量的重点控制工种，如电气焊工、电梯安装维修工、计量检定工、测量放线工、试验工、油漆工、防水工、架子工、钢筋工、混凝土工、木工、电工、瓦工、通风工、管道工、抹灰工、电焊工、材料员等，在其施工阶段不得随意流动，并定期对重点工种人员进行技术培训和指导，并参加质量例会。

对选定的劳务队伍、分包队伍中的重点工种在进场前对其所持上岗证进行审核，并由技术部、工程部、质量部、安监部联合对重点工种实施技术水平的考核。

(三)劳动力组织安排

(1)为保证工程进度计划目标及管理生产目标，施工企业将充分配备项目管理人员，做到岗位设置齐全以形成严格完整的管理层次。开工前提前组织好劳动力，挑选技术过硬、操作熟练的施工队伍，按照施工进度计划的安排，分批进场。分析施工过程中的用人高峰和详细的劳动力需求计划，拟订日程表，劳动力的进场应比计划提前，预留进场培训，技术交底时间。

(2)根据工程内容，由单位人力资源及项目管理部门拟出一份合格的劳务施工队名单，选择其中跟施工企业合作过多年的劳务队，通过综合比较，挑选技术过硬、操作熟练、体力充沛、实力强、善打硬仗的施工队伍。

(3)做好后勤保障工作，安排好工人生活休息环境和伙食质量，尤其安排好夜班工人的休息环境，休息好才能工作好，保证工人有充沛的体力才能更好地完成施工任务。由于专业分包较多，作为总承包，施工企业将要求各专业承包队在开工前列出详细人员计划表，只有在各工种施工人员都到位的情况下，才可以大面积开工。在确保现场劳动力前提下，还要计划储备一定数量的劳动力，作为资源保障措施。

(四)人员合理调配

(1)做好劳动力的动态调配工作，抓关键工序，在关键工序延期时，可以抽调精干的人员，集中突击施工，确保关键线路按期完成。

(2)每道工序施工完成后，及时组织工人退场，给下道工序工人操作提供作业面，做到所有工作面均有人施工。

(3)根据进度计划、工程量和流水段划分，合理安排劳动力和投入生产设备，保证按照进度计划的要求完成任务。

(4)加强班组建设，做到分工和人员搭配合理，提高工效，既要做到不停工待料，又要调整好人员的安排，不出现窝工现象。

(5)合理调配劳动力，如钢筋工在绑扎钢筋的间歇，投入钢筋的制作成形工作，以及钢筋的场内二次倒运。

(五)劳动力的生活管理与保障措施

(1)本工程建立良好条件的职工生活区。生活区内设有食堂、浴室、文体活动室、宿舍、警卫等设施。保证本工程所使用的劳动力有一个良好的工作、生活环境。

(2)在劳务队中开展多种形式的安全生产监督检查活动，积极推动劳动安全卫生监督检查体系的建立健全，确保职工的劳动安全。积极开展宣传、普及劳动法活动，教育工人懂得依法维权。

(3)每个月支付工程款时，施工企业及时将付款的额度通知劳务队作业班组长，让工人了解施工企业的付款情况，稳定工人的情绪，保护劳务人员的知情权，从而一定程度上制约和避免劳务公司挪用工资款项。

(4)工程款支付后，加强对劳务队资金流向的监督，督促其及时支付工人工资，防止劳务队将工程款挪作他用。

(5)施工企业要严格按照劳动合同约定的日期支付劳务队工程款，不能因工程款拖欠、结算纠纷、垫资施工等理由随意克扣或者无故拖欠。工程停工、窝工期间工人工资的支付，按照劳务合同的约定办理。

(六)重要节假日劳动力保障措施

配备相应的服务设施，保障节假日劳动力稳定且满足需要，具体措施如下。

(1)实现全面经济承包责任制，遵循多劳多得、少劳少得、不劳不得的分配原则，并进行宣传及主人翁意识教育，使劳动者深刻地意识到缺勤对工程施工可能造成的影响，充分利用劳动者的主人翁责任感，减少特殊季节及节假日劳动力的缺失。

(2)建立劳动者之家，搞好业余文化生活，活跃业余生活气息，缓解工作压力，稳定劳动者情绪，减少特殊季节及节假日劳动力的缺失。

(3)加强政治思想工作，解除劳动者后顾之忧，稳定劳动者思想，减少特殊季节及节假日劳动力的缺失。

(4)做好特殊季节及节假日劳动力意向及动态的摸底工作，提前做好劳动力补充预案，保证施工正常进行。

(七)农忙季节劳动力的保证措施

(1)成立现场领导小组，及时解决施工人员的困难和生活问题。

(2)当需要增加劳动力时，及时协调劳动力资源，作为劳力补充，确保劳力不减，必要时组织昼夜两班施工，确保施工计划的完成。

(3)加强施工人员思想教育，充分认识完成工期目标的重要意义，调动施工人员的积极性，发挥经济杠杆作用。凡在农忙季节、节假日紧张时坚持岗位的人员均给予经济补偿，对随意脱岗的人员给予经济处罚。

（4）充分调动施工人员的积极性，节假日及农忙期间施工人员原则上不放假，工会及行政部门要做好职工的思想工作，同时给施工人员一定的施工补贴；对农村籍职工再进行额外的补贴，除农忙季节、节假日改善伙食外，给施工人员一定的经济补偿，稳定职工的心。

（5）及时发现、了解并解决职工的具体困难，使职工坚守岗位，安心工作。

（八）人员分析

根据本工程的特点及用工情况，组织各专业施工队伍进行基础、结构、装修阶段的穿插施工，主要施工工种有防水工、钢筋工、木工、混凝土工、瓦工、电工、焊工、水暖工、抹灰工、油工、瓷砖工等。

十一、劳动力安排计划

针对本建设项目——土建部分工程特点和工期要求，土建施工分为五个施工区域同时施工，现场具备条件后运到工地进行安装，水、电、暖等专业在土建施工时配合进行预埋，在主体结构封顶后与二次结构和装饰装修穿插进行安装。依据地下、地上分区域流水施工，按流水段组织劳动力分期分批进场，劳动力使用实行动态管理。所有进场人员都要经过严格的培训，具备良好的施工操作技术和身体素质，以适应施工现场高节奏、高效率的工作。

（一）分阶段配置劳动力

根据工程实际情况及总工期进度计划，分阶段配置劳动力，具体如表5-19所示。

表5-19　某管理局全民文化活动中心建设项目劳动力计划表

单位：人

工种	按工程施工阶段投入劳动力情况						
	施工准备阶段	基础及地下结构阶段	主体结构阶段	二次结构阶段	装饰装修及安装阶段	屋面施工阶段	进场时间
木工（中级）	5	40	120	20	20	0	2019年7月
钢筋工（中级）	5	50	80	15	0	0	2019年7月
混凝土工（中级）	5	30	40	10	0	0	2019年7月
土建电焊工（中级）	2	10	8	5	0	0	2019年7月
架子工	5	10	30	20	20	10	2019年7月
瓦工（中级）	5	5	5	50	0	0	2019年7月
抹灰工（中级）	5	5	5	0	60	0	2019年7月
防水工（中级）	0	10	0	0	10	30	2019年8月
维修电工	2	4	4	4	4	2	2019年7月
门窗安装工（中级）	0	0	0	5	20	0	2019年9月
油漆工（中级）	0	0	0	0	25	0	2019年10月

续表

工种	按工程施工阶段投入劳动力情况						
	施工准备阶段	基础及地下结构阶段	主体结构阶段	二次结构阶段	装饰装修及安装阶段	屋面施工阶段	进场时间
水暖工（中级）	2	8	8	8	40	0	2019 年 7 月
安装电工	0	12	12	12	30	0	2019 年 8 月
水、电电焊工	0	8	8	8	6	0	2019 年 8 月
测量工	4	4	4	4	4	4	2019 年 7 月
试验工	2	2	2	2	4	2	2019 年 7 月
塔吊司机	0	4	4	4	4	4	2019 年 7 月
司索工	0	2	2	2	2	2	2019 年 7 月
普工（中级）	20	20	20	20	20	20	2019 年 7 月
合计	62	216	354	189	259	74	—

（二）劳动力保证措施（见图 5－11）

（1）选用长期合作、信誉良好的劳务施工队伍作为本工程的劳务分包队伍。

（2）按不同工种、不同施工部位来划分作业班组，使专业班组从事性质相同的工作，提高操作的熟练程度和劳动生产率，以确保工程施工质量和施工进度。

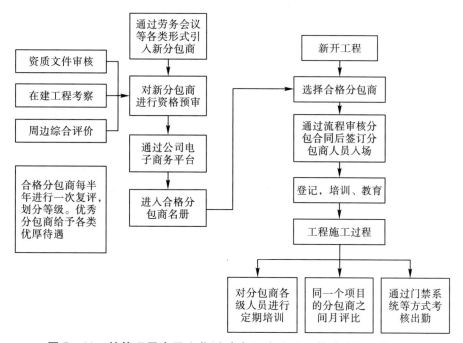

图 5－11　某管理局全民文化活动中心建设项目劳动力保证措施图

（3）本工程将根据工程各阶段施工配置劳动力，并根据施工生产情况及时调配相应的专业劳动力，对劳动力实行动态管理。

（4）劳动力入场前要对劳务队伍进行培训。入场后首先进行相关的安全生产、技术质量、环保、消防等方面的培训，合格后方准参与施工。机械工、塔吊司机等特殊专业施工人员必须持证上岗。对无上岗证的特殊专业施工人员要列出培训计划，尽早进行专业培训，取得上岗证后方能持证上岗作业；否则不能从事特殊作业。

（5）施工中人的因素是关键。无论是管理层还是劳务层，人素质的好坏直接影响到工程质量目标的实现。根据项目的情况，施工企业拟采取以下保证措施：①为了保证进场工人做到人尽其才，提高劳动效率，在劳动力管理上，施工企业采取区域管理与综合管理相结合，岗前、岗中、岗后三管理相结合的原则。②做好宣传工作，使全体施工人员牢固树立起"百年大计，质量第一"的质量意识，确保工程质量创优目标的实现。③选派优秀的工程管理人员和施工技术人员组成项目管理班子，实施和管理本工程。④选派技术精良的专业施工班组，配备先进的施工机具和检测设备，进场施工。

（6）推行经济承包责任制，使员工的劳动与效益挂钩。加强劳动纪律管理，施工过程中如有违纪并屡教不改者、工作不称职者，将撤职并调离工地，立即组织同等级技工进场，进行人员补充。建立激励机制，奖罚分明，及时兑现，充分调动工人的积极性。

（7）全部劳动力是长期合作且有丰富施工经验的实战队伍，是工种配备齐全、工人技术素质高、施工经验丰富和敬业的优秀施工队伍。拟投入本工程劳动力按照规定建立了组织机构健全的管理体系。大部分劳动力均参加过多项国家大型重点工程的施工。该劳务队纪律严格，不会因为外界因素而影响工期。

（8）拟投入的劳动力，技术工人占 85%，本工程将经历雨季和冬季施工，为保证劳动力安排和提高劳动力积极性，施工企业考虑一部分资金专门作为劳务费，保证按时发放，并且直接汇入工人工资账户内。为使劳动力得到保障，在日常生活中，经常改善工人的饮食，增加娱乐活动，使工人有较高的积极性和良好的工作状态，以便保证有足够的劳动力投入本工程的施工过程中。

总之，通过科学的劳动力管理措施，将本项目的工作目标通过工人劳动得以实现。

（三）劳动力的生产管理及保证措施（见表 5-20）

表 5-20　某管理局全民文化活动中心建设项目劳动力生产管理措施表

序号	措施	具体内容
1	选择劳务队伍	（1）施工企业先根据以上选择劳务队的原则，与符合以上原则的劳务公司达成合作意向，劳务公司根据工程量组织施工班组进场施工 （2）签订合同前，将对劳动力素质、劳动力数量保障作出约定 （3）在劳务队伍进入施工现场前，要严格审查劳务分包企业资质、安全生产许可证、劳务分包合同，并将审查的资料存档 （4）依法签订分包合同，并按照合同约定履行义务。明确约定支付分包工程款时间、结算方式，以及保证按期支付的相应措施，确保分包工程款支付

续表

序号	措施	具体内容
2	劳务队伍管理机构	（1）编制劳务管理制度，明确奖罚措施及力度，从一开始就严格要求，对表现优秀的班组给予重奖，对不服从管理的班组从重处罚，甚至责令其退场 （2）由生产负责人主持，定期召开劳务协调会，解决劳务队伍中存在的问题，协调解决在现实工作中出现的矛盾 （3）由生产负责人牵头，每季度末对各个劳务公司进行考核，在劳务公司间形成争、比的竞争氛围，提高全项目的劳动生产率
3	劳务队伍素质及培训	施工作业人员必须持证上岗，入场前必须接受岗前安全生产及职业技能的培训。项目的质量、文明施工目标应层层分解、交底，让每一个员工明确自己的目标和要求。对关键性的工艺、工法有针对性地组织相关工种人员进行培训
4	劳动力的调配	合理调配劳动力，储备后续劳动力资源，统一调配，避免出现施工关键阶段因特殊原因造成现场劳动力短缺的情况，以保证关键工序的顺利完成
5	劳动力的现场管理	（1）参加本工程的施工管理、作业人员必须具有相关部门核发的"职业资格证书"，并且已按有关规定办理了合法务工手续。不合格人员不得从事相应施工活动 （2）加强劳务公司与其劳动者签订劳动合同的监督，对未与劳务公司签订劳动合同的劳动者禁止在施工现场从事施工活动 （3）综合部设置专职劳务管理员，负责对劳务工作进行统一管理，建立施工作业人员劳务档案，进行实名制劳务档案管理 （4）所有入场的施工作业人员必须接受施工企业组织的专业知识培训和安全考核，合格后方可上岗作业。施工企业将对所有施工作业人员建立考核登记档案和安全学习记录 （5）为调动现场劳动力的积极性，施工企业在进场时将与劳动队伍签订现场施工奖罚协议书，从工期、质量、安全、文明施工等各个方面制定相应的奖罚措施，做到现场管理有章可循 （6）施工期间，现场管理人员对关键工序进行旁站式监督，劳动队伍的管理人员保证施工期间不离现场。如需夜间施工，将安排现场值班表，保证现场24小时有管理人员在现场

（四）劳务队的生活管理及保证措施（见表5-21）

表5-21 某管理局全民文化活动中心建设项目劳务队生活管理及保证措施表

序号	措施	具体内容
1	建立联合工会	（1）及时为困难职工群体办实事，帮助他们排忧解难 （2）贯彻落实社会保障政策，加强对劳务分包的监督管理，定期检查各参建单位厂商工程款的发放情况

序号	措施	具体内容
1	建立联合工会	（3）开展多种形式的安全生产监督检查活动，积极推动劳动安全卫生监督检查体系的建立健全，确保职工的劳动安全 （4）凡是涉及工人切身利益的事情，工会就有责任有义务代表工人出面解决，以保护工人的合法权益 （5）积极开展宣传、普及劳动法活动，教育工人懂得依法维权
2	劳务人员工资保障措施	（1）工人实行实名制管理。在同劳务分包的合同中明确约定劳务工程款的支付时间、结算方式，以及保证按期支付的相应措施，确保劳动者工资支付。此外，接到中标通知进场前，施工企业将调配资金，设立工人工资备用金账户，为本工程施工提供保障 （2）建立劳务作业人员花名册、考勤表、工资表等用工台账 （3）付款额度公开。每月支付工程款时，施工企业及时将付款的额度通知劳务公司作业班组长，让工人了解施工企业的付款情况，稳定工人的情绪，保护劳务人员的知情权，从而在一定程度上制约和避免劳务公司挪用工资款项。工程款支付后，加强对劳务公司资金流向的监督，督促其及时支付工人工资，防止劳务公司将工程款挪作他用 （4）所有施工队伍必须为工人办理工资卡，工资发放实行月结季清 （5）不得以工程款拖欠、结算纠纷、垫资施工等理由随意克扣或者无故拖欠劳动者工资。工程停工、窝工期间劳动者工资的支付，按照分包工程合同和劳动合同的约定办理 （6）与工程承包人在工程施工过程中解除分包合同的，及时付清分包工程款。劳务分包企业每月将支付劳务工程款情况和向劳动者支付工资情况，按月如实填报在信息管理系统中
3	其他的生活保障措施	（1）严格按劳动法要求执行 8 小时工作制 （2）生活区的布置严格按照当地相关标准进行 （3）严格按照国家及佳木斯市的有关规定对工人权益加以保护，确保施工人员的权益得到有效保障

（五）劳动力的生活及工资保证措施（见表 5－22）

表 5－22　某管理局全民文化活动中心建设项目劳动力生活及工资保证措施表

序号	措施
1	建立项目工会。项目工会将进一步拉近公司和作业层之间的距离，及时为困难职工群体办实事，帮助他们排忧解难，让他们能安心工作，从而保证现场劳动力充足
2	贯彻落实社会保障政策，联合工会加强对劳务分包的监督管理，定期检查分包商工程款的发放情况

序号	措施
3	开展多种形式的安全生产监督检查活动，积极推动劳动安全卫生监督检查体系的建立、健全，确保职工的劳动安全，保证现场劳动力资源
4	及时解决各种劳资纠纷，不影响工地秩序，不影响社会安定，不影响业主形象

(六)劳务实名制管理专项措施

1. 实名制管理

为规范本工程建设劳务用工管理，全面维护工人的合法权益，严格按照住房和城乡建设部、人力资源和社会保障部联合制定的"建筑工人实名制管理办法"相关规定，促进建筑业和谐健康发展，与门禁系统结合，实行"一卡通"制度，建立劳务实名制系统，促进劳务实名制管理。在全面总结施工企业推行建筑劳务用工管理实名制及"一卡通"经验做法的基础上，结合现场实际，制定以下实施功能。

(1)主管部门动态监管功能，由施工企业、项目主管部门实施分级管理，统计审核劳务用工数量、技能培训和持证上岗情况，动态监管企业劳动用工及工资支付，根据企业劳动用工和工资支付记录，对企业进行诚信评估，并录入不良诚信行为记录。

(2)企业劳动用工管理功能，根据实际用工情况进行管理，具备人员信息采集录入、出工与考勤记录、工资核发、对具体用工评价记录等功能。

(3)劳务人员身份认证IC卡：可通过系统的方式完成人员身份认证、进出场登记、技能培训、职业能力与职业资格、工伤、意外伤害保险投保等其他有关信息记录查询等功能，是持卡人身份唯一标识，全司通用。

2. 劳务实名制系统人员的信息录入

劳务实名制系统人员的信息录入运行均由安全负责人、劳务管理员负责。确保现场有关人员的基本信息(姓名、性别、身份证号码、劳动合同编号、岗位技能证号码、工种或岗位、所属公司或单位的名称、上下班刷卡时间等)及时录入系统，及时分析现场劳动力情况指导施工，并做好原始记录的保存和备份。

十二、机具配备及材料供应计划

(一)供应计划概述

针对某管理局全民文化活动中心建设项目——土建部分工程特点和工期要求，土建施工分为五个施工区域同时施工，现场具备条件后运到工地进行安装，水、电、暖等专业在土建施工时配合进行预埋，在主体结构封顶后与二次结构和装饰装修穿插进行安装。依据地下、地上分区域流水施工，施工材料、机具设备提前入场，保证施工现场高节奏高效率的工作。

(二)主要材料计划

1. 主要工程材料供应计划

施工企业按照施工图预算提出工程量，申报公司经营部门审核，在公司审定的合格分供方中选取所用的各项材料和工程设备的供货人及品种、规格、数量和供货时间，满足本工程需要的供货人进行洽谈签订供货合同，并向监理人提交材料和工程设备的质量证明文件，并满足合同约定的质量标准。

(1)混凝土结构主要工程材料计划(见表5-23)。

表5-23　某管理局全民文化活动中心建设项目混凝土结构主要工程材料计划表

序号	材料名称	规格型号	单位	总数量	进场计划
1	钢筋	Φ6.5	t	8.04	2019年7月
2	钢筋	Φ8	t	9.07	2019年7月
3	钢筋	Φ8	t	46.31	2019年7月
4	钢筋	—	kg	5.77	2019年7月
5	钢筋	Φ10以内	kg	16.8	2019年7月
6	钢筋	Φ10以内	t	8.32	2019年7月
7	钢筋	Φ10	t	11.01	2019年7月
8	钢筋	Φ12	t	0.95	2019年7月
9	螺纹钢	Ⅲ级Φ10	t	36.75	2019年7月
10	螺纹钢	Ⅲ级Φ8	t	26.33	2019年7月
11	螺纹钢	Ⅲ级Φ12	t	99.23	2019年7月
12	螺纹钢	Ⅲ级Φ14	t	35.96	2019年7月
13	螺纹钢	Ⅲ级Φ16	t	25.18	2019年7月
14	螺纹钢	Ⅲ级Φ18	t	17.70	2019年7月
15	螺纹钢	Ⅲ级Φ20	t	20.07	2019年7月
16	螺纹钢	Ⅲ级Φ22	t	19.19	2019年7月
17	螺纹钢	Ⅲ级Φ25	t	74.93	2019年7月
18	C15商品混凝土	—	m³	206.42	2019年7月
19	C30商品混凝土	—	m³	403.44	2019年7月
20	陶粒混凝土块	390mm×90mm×190mm	m³	5.889 6	2019年9月
21	陶粒混凝土块	390mm×190mm×190mm	m³	509.00	2019年9月
22	陶粒混凝土块	390mm×290mm×190mm	m³	561.00	2019年9月
23	预拌砂浆	—	m³	593.00	2019年9月
24	预拌混凝土	C20	m³	603.00	2019年9月

(2)装饰装修主要工程材料用量计划(见表 5-24)。

表 5-24　某管理局全民文化活动中心建设项目装饰装修主要工程材料用量计划表

序号	材料名称	规格型号	单位	总数量	进场计划
1	水泥	32.5 MPa	kg	225 765.42	2019 年 9 月
2	SBC120 聚乙烯丙纶双面复合防水卷材	300 g	m²	793.70	2019 年 9 月
3	石油沥青油毡	350 g	m²	5.88	2019 年 9 月
4	SBS 改性沥青防水卷材	—	m²	8 572.12	2019 年 9 月
5	SBS 改性沥青防水卷材	3 mm	m²	1 903.56	2019 年 9 月
6	水泥脊瓦	—	块	564.28	2019 年 9 月
7	水泥瓦	340 mm×420 mm	千块	15.23	2019 年 9 月
8	岩棉板(140 kg/m³)	100 mm	m³	504.51	2019 年 9 月
9	岩棉板	100 mm	m³	404.56	2019 年 9 月
10	岩棉板	60 mm	m³	19.45	2019 年 9 月
11	岩棉板	30 mm	m³	6.39	2019 年 9 月
12	岩棉板	40 mm	m³	28.61	2019 年 9 月
13	岩棉板胶	—	kg	89 865.6	2019 年 9 月
14	钢质防火门	—	m²	23.4	2019 年 9 月
15	钢质防火门	—	m²	38.7	2019 年 9 月
16	钢质防火门	—	m²	9.72	2019 年 9 月
17	防火卷帘(闸)门	—	m²	174.96	2019 年 9 月
18	铝塑铝窗	—	m²	1 897.34	2019 年 9 月
19	金属百叶窗	—	m²	4.5	2019 年 9 月
20	玻璃钢屋面	—	m²	540.6	2019 年 9 月
21	外墙涂料	—	kg	2 794.33	2019 年 9 月

(3)机电安装主要工程材料用量计划(见表 5-25)。

表 5-25　某管理局全民文化活动中心建设项目机电安装主要工程材料用量计划表

序号	材料名称	规格型号	单位	数量	进场计划
1	镀锌钢管	—	m	2 187.21	2019 年 8 月
2	硬聚氯乙烯管	—	m	8 169.76	2019 年 8 月
3	铜芯绝缘导线	—	m	18 589.7	2019 年 9 月
4	铜芯多股导线	—	m	17 712.78	2019 年 9 月
5	吊架、支撑架	—	kg	2 539.82	2019 年 9 月
6	绝缘导线	—	m	10 493.22	2019 年 9 月
7	电缆	—	m	8 686.33	2019 年 9 月
8	桥架	—	m	2 962.09	2019 年 9 月

序号	材料名称	规格型号	单位	数量	进场计划
9	盖板	—	m	2 962.08	2019 年 9 月
10	开关	—	个	546.56	2019 年 9 月
11	插座	—	套	848.52	2019 年 9 月
12	电位联结箱	—	台	24	2019 年 9 月
13	接线盒	—	套	8 531.72	2019 年 9 月
14	轴流风扇	—	台	10	2019 年 9 月
15	灯	—	套	843.22	2019 年 9 月
16	接地母线	—	m	1 497.4	2019 年 9 月
17	镀锌圆钢	—	m	19 593.39	2019 年 9 月
18	防火涂料	—	kg	8 600.47	2019 年 9 月
19	隔板	—	m	223.82	2019 年 9 月
20	焊接钢管	—	kg	9 475	2019 年 9 月
21	型钢	—	kg	5 130	2019 年 9 月
22	镀锌钢板	—	m²	1 245	2019 年 9 月
23	柔性抗震铸铁排水管	—	m	166	2019 年 9 月
24	S5 系列 PP－R 管	—	m	883	2019 年 9 月
25	HDPE 排水管	—	m	789	2019 年 9 月

2. 材料设备分析

（1）材料准备：依据总体施工进度计划安排编制材料采购计划，并由材料设备部组织按计划进场。依据本工程的施工图纸，计算出各主要材料的用量及进场时间。材料进场时须经专人验收，对某些特殊部位的材料会同监理、建设单位共同进行严格验收，严格管理制度，对各种材料按规范和规定要求进行检验。对决定工程质量及使用功能的特殊材料和重要材料，在采购前坚持样品送报制度，经甲方或监理批准后方可采购。①在结构工程开始施工前，准备体现结构主体施工阶段各主要工序的工艺质量样板：典型的钢筋绑扎，包括各类连接方式；典型的模板，包括支撑和拉结方式；典型的混凝土墙面；典型构件的混凝土浇筑成型后的表面；典型的砌体；机电专业每道工序正式施工前要求的样板。②装修工程开始前，总包单位准备体现各典型房间所包含的各类装修和设备工作工艺质量的样板间和主要装修做法的样板，包括但不限于机电系统各设备安装、门、窗、主要功能用房等。③对进入现场的材料要严格按照现场平面图要求的位置堆放并按施工企业相关标准程序进行标识和放置铺垫。④采购人员采购材料要坚持选购经环保认证、有环保标识的材料。

（2）样本及其报审：在订购物料前，总包单位向甲方工程师呈示有关样本并附上该材料说明书、原产地证书、出厂报告、性能介绍、使用说明等相关资料，供其批准。总包单位须于订购或制造前最少30天提交样本给工程师审阅。所有经批准的样本须保留于样本房内。除甲方代表另有指示外，永久工程使用物料必须符合该等样本质量标准。

(3)材料、设备等代换。如果任何后继法律、法规、规章、规范、标准和规程等禁止使用合同中约定的材料和工程设备，施工企业将按照合同约定的程序使用其他替代品来实施工程或修补缺陷。如果施工企业提出使用替代品，承包人应至少在被替代品按批准的进度计划被用于永久工程前56天以书面形式通知甲方工程师，并随此通知提交下列文件：①拟被替代的合同中约定的材料和工程设备的名称、数量、规格、型号、品牌、性能、价格及其他任何详细资料。②拟采用的替代新产品的名称、数量、规格、型号、品牌、性能，价格及其他任何必要的详细资料。③替代使用的工程部位及与之有关的所有合同文件索引。④采用替代品的理由和原因申述。⑤替代品与合同中约定的用品之间的差异以及使用替代品后可能对工程产生的任何方面的影响。⑥价格上的差异。⑦甲方工程师为作出适当的决定而随时要求总包单位提供的任何其他文件。

只要严格按照上述申请替代品的程序，总包单位可向甲方工程师申请材料代换，否则，施工企业不得向工程师提出任何材料代换申请。

在提出任何材料代换的申请以前，总包单位确保用于代换的材料与被代换的材料具有同等的质量和工艺水平，能为设计规定的空间允许，在维护、功能、形态、寿命、对环境的适应性等方面都相匹配，且代换对甲方有益。

总包单位所申请的代换准备足够的试验数据和其他支持性资料，以便甲方工程师借以判断总包单位的代换是否与合同文件规定的材料具有同等的质量和工艺水平等；由非合同文件中约定的厂家提供的产品，或非合同文件中约定的品名或型号或类别或产地，都将被认为属于材料代换；替代材料是否与被代换材料具有同等的质量、工艺、使用效果和经济性将完全由甲方工程师裁定；甲方工程师的裁定将是最终的和有约束力的。用于代换的材料和工艺方法必须具有有关政府机构或其他有管辖权的组织签发的准予使用或应用的证书；甲方工程师对任何材料代换申请的批准不影响总包单位严格遵守合同文件中的规定及所须承担的责任。向甲方递交任何材料代换申请时，同时递交为合理确定有关材料代换可能带来的费用节约或增加金额所需的有关文件。

(4)材料、设备管理措施：①总包方自供材料、设备。由项目部根据设计图纸提供详细的材料设备计划申请单，报至主管经理和材料部，按照材料计划申请单的要求提供三家以上经施工企业评审合格的合格供应方交由甲方、监理公司审核确定材料供应商。由材料部负责组织进场供应，提供批量的出厂合格证和材质证明，项目部按照材质单、合格证、材料计划清单组织验收，并组织检验，检验合格的方允许使用，对检验有疑问的材料进行更换。对成品、半成品按照材料清单的技术要求进行现场目测、实测，发现不合格的及时清点，单独存放，并通知供应商尽快更换。②甲方考察确认由总包方供应的材料、设备。由甲方事先进行材料的考察，确定材料材质、价格，而要求总包商供货的，项目部将认真按合同规定和甲方的要求组织材料供应的合同签订，项目部负责进场检验及验收、现场保管和使用，并准备足够的材料设备。③材料、设备采购计划控制。材料调剂和及时供应是确保施工工期和建立正常施工秩序的重要因素。作为项目技术部须随时掌握工程进度情况编制严密的材料使用计划，由项目经理负责月材料计划的审核，项目物资部根据专业工长提出物资采购、计划采购，选择多家合格分供方，并通过对其材料、规格、性能、服务及价格等多方面考察或试验后，报甲方和监理审批、择优选择。④材料、设备采购招标制。项目部采购材料必须采取招标制度，按照"采购工作控制流程"进行招标组织工作。以获得质优价廉、服务优良的供应商的支持。⑤材料、设备质量控制。除特殊注明外，本工程所用材料、材质，规格、施工及验收均按照国家现行规范、规程办理。本工程所用材料如需以其他规格材料代替，需经过核算，并征得甲方、监理工程师和设计单位同意。⑥材料、设备检验试验控制。进场的材料需按规范要求取样试验，合格后方可使用，严禁无证和不合格材料用于该工程。所有材料的取样试验和保管、发放，项目部派专人负责。⑦装修材料样板封样制。装修阶段，对所有的装饰材料均实行样板制，对材料进行综合选定的合格样品、各种样板必须通过甲方、监理工程师及设计院的认可并签字。合同部最后根据甲方确认的样板与分供方签订供货合同，物资部则根据样板及合同中提供的质量标准来进行物资的进场检验和验收，不合格物资严禁进场使用。对加工工艺复杂、加工周期长的材料，要专门编制工艺设备需用量计划。积极采用建设部推荐采用的新型材料。

第三节　某农场深加工项目

一、工程概况

(一)项目名称
某农场深加工项目。

(二)建设地点
黑龙江省某经济开发区。

(三)招标范围
项目新建车间建筑面积 7 761.74 平方米，成品库房建筑面积 3 653.35 平方米，生产车间建筑面积 4 108.39 平方米等。具体内容详见工程量清单。

(四)计划工期
118 日历天。计划开工日期 2022 年 6 月 5 日，计划竣工日期 2022 年 10 月 1 日。

(五)质量标准
达到黑龙江省工程施工质量验收(合格)标准。

(六)工程承包范围
包含所有土建工程(含土石方工程、砌筑工程、钢筋混凝土工程、门窗工程、扶手工程、屋面、防水工程、油漆、涂料及其他装饰工程等)、钢结构工程(包含主结构、次结构、维护结构、包边包件等)、装饰装修、水暖、电气、照明、防雷工程等、给排水、通风、消防工程、装饰装修工程等。

(1)图纸内所有的土方、钢筋、混凝土、砌体、楼梯、设备基础、台阶、散水、坡道等全部土建工程。

(2)图纸内所有的内外墙面、地面、楼面、门窗、隔断、吊顶等的装饰装修工程。

(3)消火栓、喷淋、消防应急照明、消防弱电等消防系统。

(4)图纸内所有的给水系统、排水系统等。

(5)图纸内所有的电气照明及配套设施等电气系统。

(6)图纸内所有的通风等暖通系统。

(7)钢结构部分内隔断以下坎墙，钢结构结构之间的砌体隔墙，楼层板混凝土，独立柱预埋螺栓。

(8)全部的主次钢构，彩钢板屋面和墙面、彩钢板隔墙，钢结构天沟。

(9)工程量清单及图纸要求的其他内容。

二、施工部署

针对本工程的实际情况，组织管理经验丰富、技术水平高、责任心强的管理人员组成工程项目部，从组织上确保严格按照本施工组织设计制定的各项技术要求，以 ISO 9001：2000 质量管理体系对本工程进行质量管理，以 ISO 14001：2004 环境管理体系和 OHSAS 18001：2002 职业健康安全管理体系进行施工现场的安全生产和文明施工管理。对本工程实施科学化、规范化、标准化的项目管理，加强对施工过程的质量预控工作，安全生产目标管理，防尘、降噪、污染物有序排放管理。

(一)进度目标

按本项目招标计划工期要求总工期不超过 118 日历天，计划开竣工日期为 2022 年 6 月 5 日—2022 年 10 月 1 日(根据招标人工程需要开始进场施工并按招标人要求施工顺序进行施工，在保证总工期完成情况下，确保各里程碑节点)。

(二)重点节点计划安排(见表 5-26)

表 5-26 某农场深加工项目重点节点计划安排表

序号	分部名称	开始时间	完成时间
1	施工准备	2022 年 6 月 5 日	2022 年 6 月 7 日
2	地基基础工程	2022 年 6 月 8 日	2022 年 7 月 12 日
3	钢结构工程	2022 年 7 月 4 日	2022 年 8 月 10 日
4	主体砌筑工程	2022 年 8 月 15 日	2022 年 9 月 5 日
5	屋面工程	2022 年 7 月 24 日	2022 年 8 月 18 日
6	装饰装修工程	2022 年 8 月 23 日	2022 年 9 月 28 日
7	机电安装工程	2022 年 8 月 15 日	2022 年 9 月 25 日
8	调试联动	2022 年 9 月 26 日	2022 年 9 月 27 日
9	竣工验收	2022 年 9 月 29 日	2022 年 10 月 1 日

(三)施工里程碑的划分里程碑计划时间安排(见表 5-27)

表 5-27　某农场深加工项目施工里程碑计划时间安排表

序号	分部名称	开始时间	完成时间
1	施工准备	2022 年 6 月 5 日	2022 年 6 月 7 日
2	土建施工	2022 年 6 月 8 日	2022 年 9 月 5 日
3	钢结构及型钢维护施工	2022 年 7 月 4 日	2022 年 8 月 18 日
4	装饰装修工程	2022 年 8 月 23 日	2022 年 9 月 28 日
5	设备安装及调试	2022 年 8 月 15 日	2022 年 9 月 25 日
6	竣工验收	2022 年 9 月 29 日	2022 年 10 月 1 日

(四)施工准备

1. 工作计划(表 5-28)

表 5-28　某农场深加工项目工作计划表

序号	项目	内容	进场后第几天完成	承办及审定单位
1	施工组织设计编制	确定施工方案和质量技术安全等措施,并报审	3	甲方、监理、公司
2	现场定位放线	点线复核,建立平面布置和建筑物的定位和控制细部	3	项目部
3	现场平面布置	按总平面图布置水、电及临时道路的硬地化	3	项目部
4	主要机具进场	前期施工内容的机械设备进场就位	3	公司、项目部
5	主要材料进场	部分急用材料进场	5	项目部
6	劳动力进场与教育	组织劳动力陆续进场,进行三级安全技术教育	2	项目部
7	材料计划	原材料和各种半成品需量计划	2	项目部
8	图纸会审	全部施工图	3	甲方、监理、公司
9	进度计划交底	明确总进度安排及各部门的任务和期限	3	项目部
10	质量安全交底	明确质量等级特殊要求,加强安全劳动保护	1	项目部

以上各项准备工作可分为技术准备、物质条件生产准备、施工组织准备、现场施工准备、场外组织与管理准备等几个部分。

2. 技术准备

由于本建筑所具有的诸多特点,对施工前的准备工作,必须细致、认真地进行,否则会造成人力、物力及财力的浪费。施工准备可以根据不同的施工阶段划分。

(1)调查工作,本工程工期要经过雨季及暑期阶段,时间较长可能对施工生产造成十分不利的影响，尤其是主体施工阶段。本工程施工时必须制定切实可行的排水措施，并按有关规定进行排水设置。

（2）组织各专业人员熟悉图纸，对图纸进行自审，熟悉和掌握施工图纸的全部内容和设计意图。土建、安装各专业相互联系对照，发现问题，提前与建设单位、设计单位协商，参加由建设单位、设计单位和监理单位组织的设计交底和图纸综合会审。

（3）编制施工图预算，根据施工图纸，计算分部分项工程量，按规定套用施工定额，计算所需要材料的详细数量、人工数量、大型机械台班数，以便做进度计划和供应计划，更好地控制成本，减少消耗。

（4）做好技术交底工作。每一道工序开工前，均需进行技术交底，技术交底是施工企业技术管理的一个重要制度，是保证工程质量的重要因素，其目的是通过技术交底使参加施工的所有人员对工程质量和标准要求做到心中有数，以便科学地组织施工和按合理的工序、工艺进行施工。技术交底采用三级制，即项目部技术负责人→专业工长→各班组长。技术交底均有书面文字及图表，并由接受交底人签字。工程技术负责人向专业工长进行交底要求细致、齐全、完善，并要结合具体操作部位、关键部位的质量要求，操作要点及注意事项等进行详细的讲述交底，工长接受后，应反复详细地向作业班组进行交底，班组长在接受交底后，应组织工人进行认真讨论，全面了解施工意图，确保工程的质量和进度。

3. 主要施工方法的选定

（1）基础工程：由于本工程为两个单体建筑，基础施工期间按单体划分区段。施工过程中必须注意工序之间的交接及工种之间的交叉，将工期控制在计划内。主体工程——结构总的施工工艺：基础采用钢筋混凝土结构，主体结构采取钢结构。

（2）钢筋制作安装钢筋连接：直径≥18 的钢筋采用机械连接，直径＜18 的钢筋采用搭接连接。

（3）混凝土：本工程所有砼采用商品混凝土，采用混凝土输送泵车浇筑。

（4）模板：采用优质涂塑木夹板，按清水混凝土工艺施工，采用满堂扣件式钢管脚手架支撑体系。

（5）钢结构：大型钢构件工厂加工后，运至现场拼装。

（6）脚手架工程：采用双排落地式脚手架。

（7）测量放线：根据甲方给定的控制桩，采用全站仪定向、定点和放出建筑物的各条轴线，使用 50 米精密钢尺。竖向传递采用天顶法，即用激光经纬仪将下面的控制点引到上一层。

（8）垂直运输：采用 2 台 25 t 汽车吊、2 台 20 t 汽车吊、2 台 15 t 汽车吊和 6 台升降平台车解决垂直运输问题。

4. 物质条件生产准备

本工程施工所需的材料、构配件、施工机械品种多、数量大，是否能够保证按计划供应，对整个施工过程起着举足轻重的作用，否则直接影响工期、质量和成本。

（1）材料准备：根据施工进度计划和施工预算的工料分析，拟订加工及定货计划。

建筑材料及安全防护用品准备：对水泥、钢材、混凝土三大建筑材和特殊材料等，均应根据实际情况编制各项材料计划表，分批进场。对各种材料的入库，保管和出库制订完善的管理办法，同时加强防盗、防火管理。

(2)构配件加工准备：根据施工进度计划和施工预算所提供的各种构配件，提前做加工翻样工作，并编制相应的需用量计划。提前做好预制构件、预埋件的加工工作。

(3)施工机械准备：根据本工程实际情况选择主要机械设备如下：①采用2台25 t汽车吊，2台20 t汽车吊，2台15 t汽车吊。②6台升降车。③1台混凝土输送泵车，4个振动棒。④1台自备发电机。⑤反铲挖掘机4台、自卸汽车10台。⑥1台钢筋切断机，1台套丝机，1台弯曲机，1台调直机等。

(4)运输准备：项目部配备一辆货车，便于小型配件、生活物资、小批量材料的运输、材料送检和业务联系。

5. 施工组织准备

为实现本工程建设的优质、高速、安全、文明、低耗的目标，本工程采用项目法施工的管理体制。形成有一定权威性的统一指挥，协调各方面的关系，确保工程按要求顺利完成。采用项目管理体制的同时，经济合同手段辅助以部分行政手段，明确各方面的责、权、利。

本工程项目管理层由项目经理、技术负责人、安全员、质量员、施工员等成员组成，在建设单位、监理单位和公司的指导下，负责对本工程的工期、质量、安全、成本等实施计划、组织、协调、控制和决策，对各生产施工要素实施全过程的动态管理。

本工程所需要的劳动力包括混凝土工、钢筋工、电焊工、木工、水电安装工、砌筑工、装修工等。根据施工进度计划制订劳动力需求计划，组织人员进场，安排生活，登记并进行进场教育。

6. 现场施工准备

(1)施工现场控制网点：会同有关单位做好现场的移交工作，包括测量控制点以及有关技术资料，并复核控制点。根据给定控制点测设现场内的永久性标桩，并做好保护，作为工程测量的依据。

(2)现场"三通一平"和临时用水、用电。①施工现场平整：现场"三通一平"已完成。②修建现场临时道路：在场地主要路面用混凝土铺设临时道路，提供材料、人员的交通途径。临时道路全线贯通。③接通施工现场临时用水、用电的管线。④临时用水管线应根据现场条件和施工需要进行布置，水龙头应随时检查，防止水资源浪费。⑤各级配电箱使用的各种电气元件和漏电保护器应符合国标质量要求。⑥各级配电箱中的漏电保护器，应合理布置，起到分级、分段保护作用。⑦漏电保护器应严格按产品说明书使用，并定期进行试验和做好运行记录。对闲置已久和连续使用一个月以上的漏电保护器，应检查试验，合格后方可使用。⑧每台用电设备应有专用的开关，必须实行"一机一闸"，严禁一闸多用。⑨配电箱进行检查、维修时，必须将与前一级相对应的电源开关切断。并悬挂醒目的"停电检修"标志牌。

7. 场外组织与管理的准备

随着建筑市场秩序的逐步规范，科学技术作为第一生产力的作用日益突出，本工程采用新技术必须为《建设部 2005 建筑施工 10 大项新技术推广应用》范筹，所使用新技术为建设部在各地示范工程示范成功，既成熟可靠，又代表了现阶段我国建筑业技术发展的最新成就。

8. 施工队伍的准备

根据确定的现场管理机构建立项目施工管理层，选择高素质的施工作业队伍进行该工程的施工。

(1)根据本工程的特点和施工进度计划的要求，确定各阶段的劳动力需用量计划。

(2)对工人进行必要的技术、安全、思想和法制教育。教育工人树立"质量第一，安全第一"的正确思想；遵守有关施工和安全的技术法规；遵守地方治安法规。

(3)生活后勤保障工作：做好后勤工作的安排，为职工的衣、食、住、行等全面考虑，认真落实，以便充分调动职工的生产积极性。

(五)总体施工顺序

1. 施工顺序安排

对工程进行科学合理的规划，是完成任务的关键环节，施工顺序是施工步骤上存在的客观规律。土建工作遵守"先地下、后地上，先主体、后装修，先土建、后设备"和装修施工"先外、后内"，以及"外装修由上向下、内装修由下向上、收尾由上向下"的规律。钢结构吊装采用"先中间、后外侧，先柱后梁，先下后上"的原则。在厂房的中间部位最先形成一个稳定的框架体系，然后向两端进行推进、对称安装其余的钢柱、钢梁构件的原则。采用平行流水、立体交叉作业以及合理的施工流向，不仅是工程质量的保证，也是安全施工的保证。因此，对施工顺序安排的基本要求是：上道工序的完成要为下道工序创造施工条件，下道工序的施工要能够保证上道工序的成品完整不受损坏，以减少不必要的返工浪费，确保工程质量。

关于主体结构与砌体结构及装修工程的交叉施工，由于本工程工期特别紧张，经项目部研究，工序穿插安排如下。

(1)土建与钢结构搭接。受力结构的混凝土强度必须达到设计强度的75%才可以安装钢结构。

(2)主体结构与填充墙砌体结构搭接。主体结构完成后14天即送检混凝土试块，一旦强度达到拆模强度立即进行模板拆除，14天内拆模清理现场并具备砌体施工条件。

(3)装修与主体结构间搭接。砌体完成10天后才能插入抹灰工序，预留正常的抹灰与砌体间的技术间歇时间，以保证抹灰工程的质量。

第一，平面分区：由于本工程有两栋单体建筑，且建筑面积工程量相当，在施工过程中按每个单体一个施工段划分施工段，组织有效的流水施工。

第二，施工顺序。

土方施工阶段。土方开挖可以两个单体同时进行，开挖顺序从一侧向另一侧，边挖边退。

基础施工阶段。基础施工时间紧张，经项目部研究决定方案如下：地下室部分，采用砖胎膜，采用整体大开挖的形式，砖胎膜砌筑至梁底后支设木模板，以缩短承台、地梁施工时间，确保工期目标的实现。为了节约工期，在开挖承台部分的土方时，开挖出一定的工作面后，进行分部地基验槽，即开始进行后续基础垫层及砖胎膜工作施工，验收后，开始后续的钢筋绑扎、混凝土浇筑紧跟其后进行。直至整个基础施工完毕。施工工艺流程图如图 5 - 12 所示。

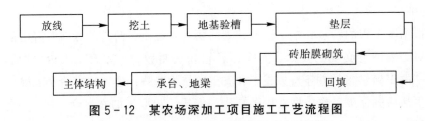

图 5 - 12　某农场深加工项目施工工艺流程图

主体结构施工阶段。在主体结构施工过程中，根据工程的具体情况，安排二队施工班组施工。各工序之间进行搭接施工时要注意相互之间的配合，避免出现大量窝工的现象，以保证工程的工期能顺利完成。施工工艺流程：地脚螺栓复测→钢构件卸车→构件进场检验→汽车吊直接吊装就位→地脚螺栓临时紧固→缆风绳临时拉结稳固→钢柱轴线位置、垂直度调整→钢柱螺栓和柱脚压板紧固、焊接→下一钢柱安装→钢柱间系杆安装→形成首个稳定的格构体系→钢屋架地面拼装成整体并双机抬吊就位，组成首个钢屋架→两侧对称安装柱、屋架体系→以此类推→安装完成→结构验收。

装修、安装施工阶段。抹灰安排在砌体工程完成后 10 天内进行，主体结构应及时验收，尽量少的影响抹灰工作的展开。

(4)室内装修、安装工艺流程，如图 5 - 13 所示。

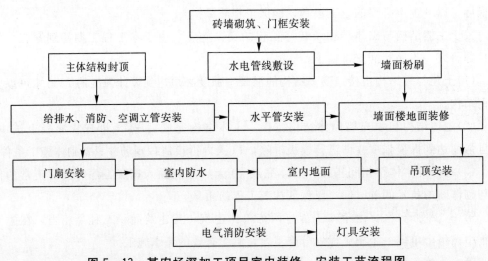

图 5 - 13　某农场深加工项目室内装修、安装工艺流程图

(5)主体结构验收后即进行管道安装。单层建筑水电、消防、通风空调等的立管水平管配合安装。

(6)屋面防水为型钢屋面自防水，于适当的干燥天气进行。

(7)外脚手架随着外墙装修自上而下拆除。

2. 施工调度

为了保证工程施工的顺利进行和按时达到目标，及时解决施工生产中出现的问题，迅速而准确地传达项目经理决策，必须建立以项目经理为核心的调度体系，及时反馈上级职能部门、业主意见及施工中出现的问题，以便以项目经理为首的领导班子作出正确决策，并及时贯彻落实下去，以保证各项管理措施的顺利实施。

调度体系运转情况如下：

(1)组成以项目经理为核心的调度体系，管理人员都是这一体系的一个成员。

(2)定期按时参加有业主、上级职能监督部门、设计单位参加的协调会，解决施工中出现的问题。

(3)每星期召开各专业管理人员会议，了解整个项目的进度、成本、计划、质量、安全、文明施工执行情况，必要时调度延伸至作业班组长。

(4)协调好各专业工长的工作。组织好分部分项工程的施工衔接，合理穿插流水作业，保证合同工期。

(5)监督检查施工计划和工程合同的执行情况，使人力、物力、财力定期按比例投入本工程，并使其保持最佳调节状态，保证施工生产正常进行。

三、进度计划与逻辑关系

(一)工期安排计划

本项目招标计划工期为：2022 年 6 月 5 日—2022 年 10 月 1 日，总工期 118 日历天；总体施工顺序按照先地下、后地上；先结构、后围护；先主体、后装修；先土建、后专业的总施工顺序原则进行部署。为保证工程进度，拟将本工程划分为两个流水段：分别为生产车间和成品库房，并组织流水施工。不同施工过程尽可能组织平行搭接施工。各阶段及各专业进度计划详见本施工组织设计"施工总进度计划网络图"和"施工总进度计划横道图"(见图 5-14、图 5-15)。

(二)施工进度管理体系与保证措施

本工程作为施工企业的重点工程，在人员、资金、机械、材料上给予充分支持、重点保证，各种资源实行合理调配，确保本工程按期顺利完成。

为了确保施工进度，分别建立施工进度管理体系和施工进度保证体系。

四、确保工期的措施

(一)组织措施

为了确保本工程进度，成立以总承包管理部和专业分包商组成的工期组织机构(见表 5-29)。

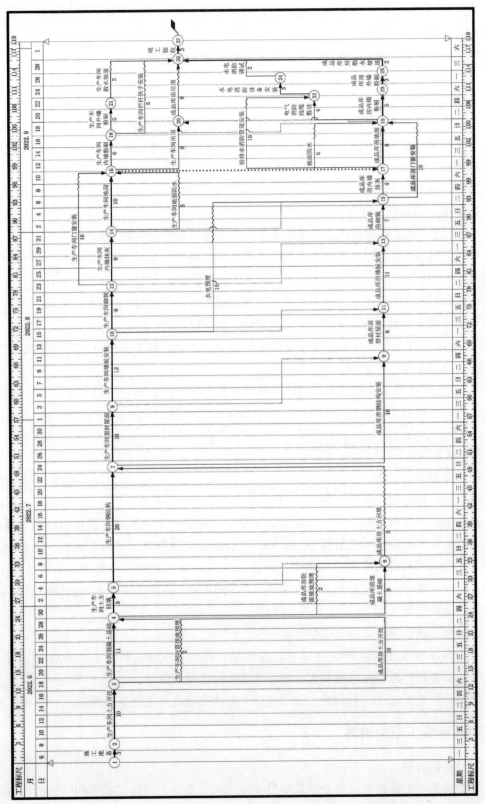

图5-14 某农场深加工项目施工总进度计划网络图

编号	工作名称	持续时间	开始时间	结束时间
1	施工准备	3	2022-06-05	2022-06-07
2	成品库房土方开挖	10	2022-06-18	2022-06-27
3	成品库房混凝土基础	9	2022-06-29	2022-07-07
4	成品库房土方回填	5	2022-07-08	2022-07-12
5	成品库房型材屋面	8	2022-08-11	2022-08-18
6	成品库房墙板安装	11	2022-08-19	2022-08-29
7	成品库房砌筑	7	2022-08-30	2022-09-05
8	成品库房内墙抹灰	4	2022-09-06	2022-09-09
9	成品库房地面	8	2022-09-11	2022-09-18
10	成品库房内墙粉刷	5	2022-09-19	2022-09-23
11	成品库房外墙粉刷	3	2022-09-24	2022-09-26
12	成品库房散水坡道	2	2022-09-27	2022-09-28
13	生产车间墙板安装	12	2022-08-03	2022-08-14
14	水电预埋	15	2022-08-15	2022-08-29
15	生产车间内墙粉刷	6	2022-09-11	2022-09-16
16	生产车间栏杆扶手安装	5	2022-09-17	2022-09-21
17	生产车间吊顶	9	2022-09-11	2022-09-18
18	成品库房吊顶	6	2022-09-19	2022-09-24
19	生产车间外墙粉刷	3	2022-09-19	2022-09-21
20	生产车间散水坡道	5	2022-09-22	2022-09-26
21	电气消防线缆敷设	4	2022-09-19	2022-09-22
22	水电消防设备安装	3	2022-09-23	2022-09-25
23	水电消防调试	2	2022-09-26	2022-09-27
24	竣工验收	3	2022-09-29	2022-10-01
25	生产车间砌筑	8	2022-08-15	2022-08-22
26	生产车间门窗安装	16	2022-08-23	2022-09-07
27	生产车间内墙抹灰	9	2022-08-23	2022-08-31
28	生产车间地面防水	5	2022-09-01	2022-09-05
29	生产车间地面	5	2022-09-06	2022-09-10
30	生产车间土方开挖	10	2022-06-08	2022-06-17
31	生产车间防雷接地预埋	2	2022-06-18	2022-06-19
32	成品库房防雷接地预埋	2	2022-06-29	2022-06-30
33	成品库房门窗安装	10	2022-09-06	2022-09-15
34	生产车间混凝土基础	11	2022-06-18	2022-06-28
35	生产车间土方回填	5	2022-06-29	2022-07-03
36	生产车间钢结构	20	2022-07-04	2022-07-23
37	生产车间型材屋面	10	2022-07-24	2022-08-02
38	成品库房钢结构安装	18	2022-07-24	2022-08-10
39	地面防水	5	2022-09-11	2022-09-15
40	给排水消防管道安装	10	2022-09-11	2022-09-20

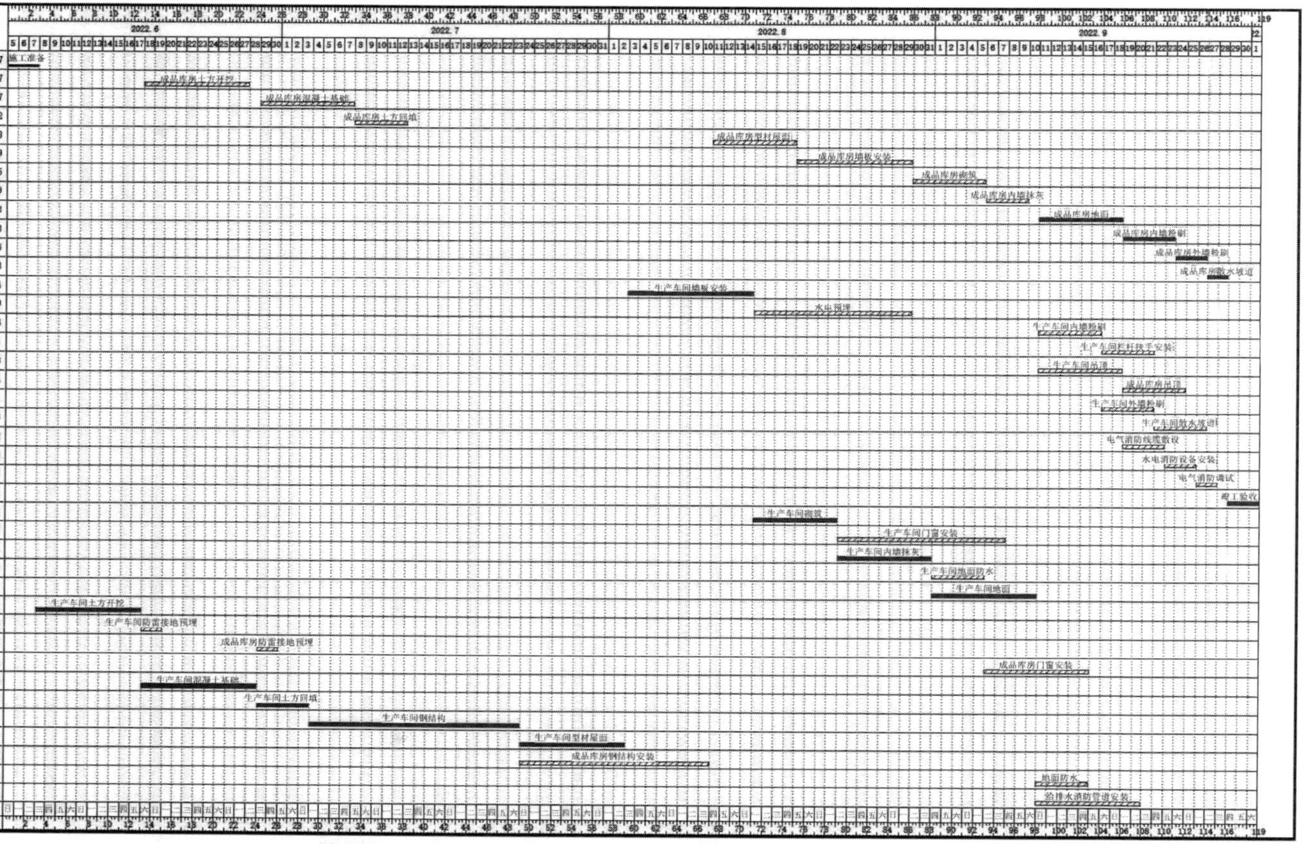

图5-15　某农场深加工项目施工总进度计划横道图

表 5-29　某农场深加工项目工期组织措施具体内容表

序号	措施	具体内容
1	工期管理组织机构	(1)施工企业选派一批具有类似工程经历、总承包管理经验丰富的工程管理人员和技术人员组成创新型的项目管理团队，从三个层次对项目实施总承包管理：企业保障层、施工总承包管理层、施工作业层 (2)公司组织建筑专家组成项目专家顾问团对项目提供管理和技术支持 (3)项目经理部除项目经理主管项目的总体协调控制以外，还设置主管计划协调控制的项目副经理，具体负责项目的施工进度计划协调管理，从总承包管理的角度对施工企业自身工作内容和各专业分包商，以及指定的供应商进行总体控制 (4)计划及总平面管理内设置专业进度计划管理工程师，专职负责工程进度的编排和检查
2	分包模式	(1)在选择专业分包商时，根据不同的专业特点和施工要求，采取不同的合同模式，在合同中明确保证进度的具体要求 (2)总承包商将选用素质高、技术能力强的土建、钢结构、装饰装修、安装专业分包商进行施工

(二)管理措施

施工企业对进度实施动态控制，计划编制后，根据现场实际情况对计划进行及时的动态调整(见表 5-30)。

表 5-30　某农场深加工项目工期管理措施具体内容表

序号	措施	具体内容
1	项目目标管理	(1)严格实施项目目标管理，实行项目施工负责制，对本工程行使计划、组织、指挥、协调、控制、监督六项基本职能，对本工程实行全方位全过程的有效管理 (2)根据业主和监理单位审核批准的初步设计中确定的进度计划控制目标，总承包商编制总进度计划，并在此基础上进一步细化，将总计划目标分解成为阶层目标，分层次、分项目编制计划，进一步分解到季、周、日并分解到班组和作业面。以周保月、以月保季、以季保年的计划目标管理体系，保证工程施工进度满足总体进度要求
2	计划编制	总承包商根据合同要求制定统一的工程进度编制办法，对工程进度计划编制的原则、内容、编写格式、表达方式、进度计划提交、更新的时间及工程进度计划编制使用的软件等作出规定，指定分包商遵照执行，要求指定分包根据总控进度计划，分别编制年、月、周、日进度计划，并进行逐级落实，动态管理
3	进度审查	对于分包商递交的月度、季度、年度施工计划，不仅要审查和确定施工进度，还要分析指定分包商随施工进度计划一起提交的施工方法说明，掌握主要关键路线施工项目的资源配置，对于非关键路线施工上的项目也要分析进度的合理性，避免非关键路线以后变成关键路线，给工程进度控制造成不利影响

序号	措施	具体内容
4	进度例会制度	(1)建立例会制度。每周二、周五下午召开工程例会，在例会上检查指定分包商的工程实际进度，并与进度计划进行比较，找出进度偏差并分析偏差产生的原因，研究解决措施。每日召开各专业碰头会，及时解决生产协调中的问题，不定期召开专题会，及时解决影响进度的重大问题 (2)建立现场协调例会制度。每周一召开一次现场协调会，通过现场协调的形式，和业主、监理单位、设计单位、分包商一起到现场解决现场施工中存在的问题，加强相互之间的协调，提高工作效率，确保进度计划的有效实施
5	交叉施工管理	合理制定各专业插入条件的时间点，对满足施工条件及时插入各专业施工，以加快工程施工进度
6	进度检查	(1)建立监测、分析、反馈进度实施过程的信息流动程序和信息管理工作制度，如工期延误通知书制度、工期延误内部通知书制度、工期延误分包检讨会、工期进展通报会等一系列制度、例会 (2)要求各分包每日上报劳动力人数与机械使用情况，每周呈交进度报告，同时要求现场土建、机电和装修工程师也跟进现场进度 (3)跟踪检查施工实际进度，专业计划工程师监督检查工程进展。根据对比实际进度与计划进度，采用图表比较法，得出实际与计划进度相一致或超前或拖后的情况
7	协调管理	(1)协调各专业分包配合关系，解决施工中出现的各种矛盾，克服薄弱环节，实现动态平衡 (2)加强与业主、监理、设计单位的合作与协调，对施工过程中出现的问题及时达成共识；积极协助业主完成材料设备的选择和招标工作，为工程顺利实施，提供良好的环境和条件
8	进度计划调整	每周、每旬、每月对比实际进度与计划进度的偏差，总承包管理单位一旦发现实际进度与计划进度不符，即有偏差时，将组织计划管理部门寻找产生进度偏差的原因，分析进度偏差对后续工作产生的影响，及时调整施工计划，并采取必要的措施以确保进度目标实现
9	进度考核	(1)各分包和劳务队伍进场时，在合同中明确工期责任及奖惩办法。施工中严格按照合同条款中规定的工期对分包及劳务队伍进行考核，必须履行，实行奖惩制度 (2)每月月初，总承包商根据上月要求完成的单项工程控制节点目标进行检查，对未按计划完成的予以处罚，这对工作不力的分包商起到惩戒作用。若是由于分包商自身原因拖延工期而使后续单项工程施工受阻的，分包商必须承担由此而产生的损失，同时总承包商有权保留对分包商的工期索赔权
10	后勤服务	派专人负责管理及协调后勤服务工作，为职工解除后顾之忧，激发和调动职工的积极性

(三)技术措施

1. 施工组织设计及方案管理

本工程方案管理将遵循"方案先行，样板引路"，按照施工进度计划，提前制定详细的、针对性和可操作性强的施工组织设计和专项施工方案，采用技术先进合理可行的施工方法，实行三级技术交底，对重要部位制作施工样板，从而实现项目管理层和操作层对施工工艺、质量标准的熟悉和掌握，使工程有条不紊地按期保质完成。

施工方案以分项工程进行编制，覆盖整个工程所有部位，经业主、监理审批后，严格要求作业层按方案施工，项目部定期组织管理人员对施工方案实施情况进行检查。

2. 应用新技术、新材料、新工艺、新产品

在本工程广泛应用"四新"技术和国家推广应用的"十项"新技术，优先采用施工企业参编的国家规范、行业标准、工法、专利等科技成果。

3. 确保工期的经济措施(见表 5-31)

表 5-31　某农场深加工项目工期经济措施具体内容表

序号	资金类别	管理保障措施
1	预算管理	施工准备期间，编制项目全过程现金流量表，预测项目的现金流量，对资金做到平衡使用 每月月底物资及设备和行政部都要制订下月资金需要计划，并报项目经理审批，财务资金部严格按资金需用计划监督资金的使用情况
2	支出管理	执行专款专用制度：建立专门的工程资金账户，随着工程各阶段关键节点的完成，及时支付各专业队伍的劳务费用，防止施工中因为资金问题而影响工程的进展，充分保证劳动力、机械、材料的及时进场
3	奖罚管理	为确保节点工期，设立节点工期专项奖罚资金，对按期或提前完成节点工期的队伍，给予现金奖励。对节点工期滞后的队伍，开罚款通知单，罚款从当月工程进度款中扣除
4	应急管理	与公司财务部做好沟通工作，在因突发状况导致资金短缺时向公司寻求支持，公司将在第一时间给予帮助

(四)资源保障措施(见表 5-32)

表 5-32　某农场深加工项目劳动力投入的保障措施表

序号	类别	措施内容
1	数量保证	本工程现场投入劳动力高峰期总人数约 300 人 (1)施工企业下设项目管理部对劳务资源管理，目前拥有多家具有一级资质的成建制队伍的劳务分包，劳务资源丰富 (2)工程投标期间，施工企业即与多家劳务分包及专业分包沟通，签订工程合作意向书，确定各分包拟投入本工程的劳动力

续表

序号	类别	措施内容
1	数量保证	(3)工程中标后，组织2家核心劳务公司参建本工程，另储备1家相应规模的劳务公司作为预备梯队
2	素质保障	(1)在企业的合格分包商名录中择优选择劳务分包队伍 (2)劳务分包进场后，及时组织安全及相关技术培训等 (3)施工中，定期组织工人素质考核、再教育
3	劳动力计划	施工企业将对劳务作业层实行专业化组织，穿透性动态管理，以保证本工程各项管理目标的实现。各专业主要工种人员的配备详见劳动力计划表
4	劳务管理	(1)成立总承包劳务管理部，设置一名项目副经理进行管理，全面管理协调现场劳务 (2)选择跟施工企业合作过多年的劳务队，通过综合比较，挑选技术过硬、操作熟练、体力充沛、实力强、善打硬仗的施工队伍 (3)做好后勤保障工作，安排好工人生活休息环境和伙食质量，尤其安排好夜班工人的休息环境 (4)装饰装修阶段加大总承包管理的力量，全面规划并做好现场各专业劳务协调管理 (5)在确保现场劳动力的前提下，储备一定数量的劳动力作为资源保障措施
5	人员合理调配	(1)做好劳动力的动态调配工作，抓关键工序，在关键工序延期时，可以抽调精干的人力，集中突击施工，确保关键线路按期完成 (2)每道工序施工完成后，及时组织工人退场，给下道工序工人操作提供作业面，做到所有工作面均有人施工 (3)根据进度计划、工程量和流水段划分合理安排劳动力和投入生产设备，保证按照进度计划的要求完成任务 (4)加强班组建设，做到分工和人员搭配合理，提高工效
6	应急措施	(1)对于主体结构劳务分包，施工企业在公司范围内调集劳动力满足现场工期要求 (2)对于专业分包，定期召开专业分包高层例会，要求在其公司范围内调集劳动力，如专业分包仍不能满足，可在推荐名单中选择另一承包商进场施工 (3)动态调整各施工工序时间上和空间上合理的组合和搭接。加强作业培训，控制工人级别与工人技能

（五）施工机械、器具投入保证措施（见表 5-33）

表 5-33　某农场深加工项目施工机械、器具投入保证措施表

序号	措施	具体内容
1	数量保障	本工程计划结构施工阶段共投入 6 台汽车吊，主体及装修阶段投入 6 台升降车，施工企业将发挥在经营布局方面的雄厚综合实力优势，选取机械资源库中优质有实力的设备供应承包商，根据机械计划迅速调集能满足施工需要的各类机械设备及器具。必要时实施就地采购或租赁，配备足够的机械设备和必需的备用设备
2	机械计划	根据施工部署及平面布置需要，制订施工机械需求计划，明确机械名称、型号、数量、能力及进场时间等，并严格落实计划
3	机械进场	根据施工进度安排，提前半个月确定进场时间，按计划完成进场、安装
4	性能维护	（1）设备进场验收：对所有投入使用的施工机械设备或器具，在进场时严格按照企业有关管理程序验收 （2）根据"专业、专人、专机"的"三专"原则，指定大型机械设备维修制度，同时安排 1 名机管员及 2 名专业维护人员对机械实施全天候跟班维护作业，确保其始终处在最佳性能状态 （3）检定：对测量器具等精密仪器，按国家或企业相关规定，定期送检
5	应急措施	（1）针对工程施工的高峰期间，配备充足的吊车、平板车等其他水平运输和垂直运输设备 （2）配备 1 台 120 kW 柴油发电机备用，在现场施工用电断电时，能够保证施工的正常进行，现场建立柴油储备库，确保发电机供油

（六）材料供应的保障措施（见表 5-34）

表 5-34　某农场深加工项目材料供应保障措施表

序号	材料类别	供应保障措施
1	周转材料	（1）投标期间在公司分包供应商库中选择交通便利的周转材料租赁商作为储备，根据项目生产进度对各项材料需求，在周转材料出现问题时及时进行调配，确保不耽误施工需求 （2）目前已与周转材料供应商达成本工程合作协议，保障材料供应 （3）根据周转材料投入总计划和工程进度计划，结合工程实际情况，编制切实可行的周转材料供应计划，按计划组织分批进场，确保周转材料供应及时
2	主要使用材料	（1）实行集中采购，建立大宗材料信息网络，不断充实更新材料供应商档案，在保证质量的前提下，按照"就近采购"的原则选择供应商，尽量缩短运输时间，确保短期内完成大宗材料的采购进场 （2）项目开工前编制项目物资总计划，每月度 22 日编制下月度物资月需求计划，并根据施工情况和月度需求计划对物资总计划进行调整

序号	材料类别	供应保障措施
2	主要使用材料	(3)严把材料采购过程、进场验收的质量关,避免因材料质量问题影响工期。施工企业材料计划、采购均通过信息系统管理 (4)协助业主、分包商超前编制准确的甲供材料、设备计划,明确细化进场时间、质量标准等,必要时提供供货厂家和价格供业主参考 (5)及时、细致地做好业主提供或分包商采购材料、设备的质量验收工作,填写开箱记录,办理交接手续 (6)做好甲供材料、设备的保管工作,对于露天堆放的材料、设备采取遮盖、搭棚等保护措施 (7)积极跟踪甲供材料、设备进场情况,确保甲供材料按计划进场
3	应急措施	(1)如确定的本工程周转料具供应厂家不能满足现场供应要求,在公司合格供应商名册中选择另一家或多家进行供应,以满足现场要求 (2)如现场周转料具积压不能周转,引进周转料具拆除劳动力,专职进行周转料具的拆除和周转,满足现场要求

(七)特殊时间段施工保障(见表5-35)

表5-35 某农场深加工项目特殊时间段施工保障表

序号	时间段	工期保障措施
1	季节性施工	(1)项目成立冬、雨季施工领导小组,主管工程冬、雨季施工的准备、实施、落实、检查等工作。配置专人负责冬、雨季施工 (2)本工程冬、雨季施工包含结构施工、装饰装修及机电安装等专业工程,在季节性施工来临之前编制季节性施工方案,配置足够的保障材料、设施,如水泵、保温材料等 (3)冬、雨季来临之前,项目部组织冬、雨季施工培训,要求各分包、劳务负责人参加
2	两会农忙节假日施工	(1)合同约束:明确约定保证分包在夜间、农忙、节假日期间连续施工条款,并从每月工程款中扣除5%作为履约保证金,对考核达不到出勤率要求的每次扣除保证金20%,超过三次全部扣除。要求材料供应商在节假日持续供货 (2)超前计划:在农忙、节假日等特殊时间到来前半个月,排定详细的施工进度计划及资源需求计划,会同各分包商保证特殊时间段施工资源充足 (3)施工企业优先选用在农忙期间对工期影响较小的地区工人 (4)根据进度计划,提前与业主、监理、设计、质监协调好图纸疑问、分部分项验收等各项工作,提前报送相关工作联系单 (5)严格按照国家劳动法对将在节假日中加班的项目部人员及工人提供相应报酬、补助发放,提高参建员工的工作积极性 (6)对农忙、节假日期间职工的娱乐生活等提供各项便利,确保工作积极性

序号	时间段	工期保障措施
3	夜间施工	（1）监督管理：现场安排一名项目领导值班，协调处理夜间施工工作；项目经理部设置夜间施工监督员，对夜间施工进行巡视，确保夜间施工的工作效率和作业安全；项目部其他人员保持全天侯的通信联络 （2）扰民安抚：由项目生产经理负责，提前做好扰民安抚工作，与附近居民及单位沟通，协调夜间施工事宜；与市建设委员会沟通，办理夜间施工许可证；现场围墙、门口、道口等显要位置张贴夜间施工告示；外脚手架挂设隔音布，在现场搭设混凝土输送泵隔音棚，设置噪声监控点并安排专人定期监控，检测噪声值，如若长时间超出国家标准，则在围墙处设置隔音带 （3）夜间照明：施工照明与施工机械设备用电各自采用一条施工线路，防止大型施工机械因偶尔过载后跳闸导致施工照明不足；施工准备期间，分别在场地四周搭设 LED 节能大灯，用于整个施工现场夜间照明；结构施工期间，在黑暗处加设四台 LED 大灯，用于施工作业层的夜间照明；现场必须有足够的照明能力，包括办公区到生产区的沿途，生产区到工作面沿途，以及工作面都有足够的照明设施，满足夜间施工质量、安全等对照明的需求 （4）现场在临边、洞口等事故易发位置，严格按照有关规定设置警戒灯，并由专职安全员负责维护，确保设施的完整性、有效性 （5）配备足够的电工，及时配合施工对照明的需要，尤其是移动光源；做好后勤保障工作，尤其食堂等生活配套设施，必须满足夜间施工的要求

（八）资金保证措施

项目资金的合理使用是工程按进度计划顺利施工的保障，做好项目成本的控制和使用是项目降低成本、提高综合效益的基础。

1. 做好收支计划管理

本工程所有收支的资金执行严格的预算管理。项目准备期间，编制项目全过程的"现金流量表"，预测项目的现金流，对资金做到平衡使用、以丰补缺，避免资金的无计划管理。

2. 按流程收取工程款

严格遵照合同条款中有关付款的条文，根据要求提供必要的付款依据，请监理、业主审核。统计工作的基础是实事求是，决不高估冒算，对设计变更增加的工作量实事求是地经过监理单位、业主审核，在审核的基础上结算价款。

3. 合理使用工程款

（1）保证项目的资金使用是保证工程顺利进行的先决条件。为此公司在资金使用上坚决做到专款专用，不属于公司使用的资金决不占用。以防止施工中因为资金问题而影响工程的进展，充分保证劳动力、机械的充足配备，材料的及时进场。随着工程各阶段控制日期的完成，及时支付各专业队伍的劳务费用，为施工作业人员的充足准备提供保证。

(2)在抓计划的基础上做好调度工作，决不因计划不周导致物资积压，使资金无法发挥效益。抓好材料费用的控制使用是做好资金使用的基础。

4. 公司资金支持

若业主方按合同规定资金短时间不能到位，则不能因此而拖延工期或影响工程质量。施工企业将利用本工地施工企业的一切有利条件、凭借施工企业的良好信誉，由公司总部给予支持，千方百计协调度项目外资金以确保工程顺利进行。

5. 材料及分包商的选择

在选择分包商、材料供应商时，提出部分支付的条件，对合格分包商(供应商)中的同意部分支付又相对资金雄厚的进行倾斜。充分利用工程的影响力，对物资材料进行招标采购。

(九)赶工措施

(1)加大资源投入，如增加劳动力、材料、周转材料和设备的投入量。通过配置充足的资源，来有效地保证施工进度的加快。

(2)根据进度计划的变化，重新合理地调整和分配资源，将各工种的施工人数实行动态化监控机制；投入风险准备资源，有特殊情况时采用加班或多班制工作。

(3)优选机械设备租赁厂家，通过改善工器具的工作效率来提高劳动效率。

(4)加强作业培训，控制工人级别与工人的技能协调；加大工作中的激励机制，如设置节点奖金、开展技能竞技和班组比赛；改善工作环境，为施工人员提供防暑降温和保温防冻等各种劳保用品；动态调整各施工工序时间上和空间上合理的组合和搭接；组织工作沟通协调会，及时解决施工过程中存在的各种矛盾。通过以上的种种措施，进一步提高劳动生产率。

(5)合理调整网络计划中工程活动的逻辑关系，或采用流水施工的方法。

(6)将一些工作包合并，特别是在关键线路上按先后顺序实施的工作包合并，与劳务队伍共同分析研究，通过局部调整实施过程和人力、物力的分配，缩短工期。

(7)在施工工程中进一步优化施工方案，通过加强科技推广和创新工作来提高施工速度。

(十)其他保证措施

1. 外围保障措施

由项目综合办公室牵头，设专人专职负责，加强消防、文明施工、环保与扰民、治安保卫、交通协调、安全监督，以及与政府有关部门联系。提供完善的管理和服务，减少由于外围保障不周而对施工造成的干扰，加强与周边相关部门的联系，取得他们的支持，提前走访周边居民，取得他们的理解，创造良好的施工条件，使施工过程不间断地快速进行。

2. 医疗卫生保证措施

(1)进场后与当地的卫生防疫部门、急救中心等相关医疗部门建立关系，取得医疗系统的支持。

(2)现场设立医疗保健室和观察隔离室，备有医疗人员和急救措施，以及附近的急救中心的联系电话,并经常与当地卫生保健部门取得联系,为预防传染病和其他福利做出必要的安排,积极宣传酒精饮料和毒品等的危害,严格遵守相关法律法规和政府规章。

(3)制定严格的卫生管理条例,对施工现场临时设施进行严格管理,杜绝一切不良卫生现象的发生,同时,对施工人员进行卫生交底,尤其注重宣传在传染病多发季节的防护措施,避免出现突发性事件。

五、劳动力、设备及材料配备计划

1. 劳动力投入计划

本工程各专业劳动力投入及各阶段劳动力投入计划如表 5 - 36 所示。

表 5 - 36 某农场深加工项目劳动力投入计划表

单位:人

工种	按工程施工阶段投入劳动力情况								
	施工准备	砌筑工程	钢筋混凝土工程	钢结构工程	装饰装修工程	给排水工程	电气工程	采暖工程	竣工验收
测量放线	2	8	8	8	8	8	8	8	2
电工	2	5	10	10	10	10	10	10	2
木工	2	5	20	—	20	—	—	—	2
砼工	—	10	20	—	20	—	—	—	—
力工	2	25	30	30	26	26	20	15	2
抹灰工	—	5	5	—	25	—	—	—	2
机械工	—	5	5	5	5	5	5	5	2
钢筋工	2	5	30	2	2	—	—	—	—
油漆工	—	—	2	20	20	5	5	5	—
电焊工	2	—	20	30	15	20	20	20	2
架子工	4	10	10	20	20	10	10	10	2
管道工	—	2	4	4	20	25	5	5	—
起重工	—	—	4	10	4	2	2	2	—
铆工	2	—	—	10	5	—	—	—	2

2. 劳动力保障措施

(1)劳动力保障措施。

第一,劳务班组的管理措施:①施工前与每一名农民工签定国家规定的劳动合同。②在施工现场设立农民工维权须知牌和农民工工资发放公告栏。③每月按时发放农民工工资。④建立农民工工会组织,保障农民工权益。⑤项目部建立奖罚管理制度、劳务人员工资结算审批制度、假期管理制度、员工培训制度等,对劳务人员进行有效管理。⑥项目部设专职的劳务管理人员。⑦项目部在劳务用工时,严格签证管理,制订零星用工管理办法、材料领用控制措施，加强现场文明施工管理，使各作业层施工做到工完料净。

第二，劳动力供应保障措施：施工企业配有自己的劳务基地，并且还拥有多支成建制的专业施工队伍，可以在全市、全省范围内进行选调。施工企业具有丰富的施工组织经验，再加上可以在公司总部范围内调配人力，所以在劳动力方面完全可以满足本工程的施工需要。

第三，劳动力素质保障：①进场前，加强对工人的质量、安全、文明施工等方面的教育，对工人进行各种必要的培训，关键的岗位必须持有效的上岗证书才能上岗。②为了保证进场工人做到人尽其才提高劳动生产力，在劳动力管理上，施工企业采取区域管理与综合管理相结合，岗前、岗中、岗后三管理相结合的原则。③做好宣传工作，使全体施工人员牢固地树立起"百年大计，质量第一"的质量意识，确保工程质量创优目标的实现。④选派优秀工程管理人员和施工技术人员组成项目管理班子，实施管理工程。

第四，建立完善的岗位责任制度，使每位参与本项目施工的人员都明确自己的质量目标和责任，使工作有的放矢。

第五，对施工班组进行优化组合，竞争上岗，使参与施工的所有人员保持高度的责任心和上进心。认真做好班前交底，让工人了解施工工艺、质量标准、安全注意事项、文明施工要求等。

第六，推行经济承包责任制，使员工的劳动与效益挂钩。建立激励机制，奖罚分明，及时兑现，充分调动工人的积极性。

第七，加强劳动纪律管理，施工过程中如有违纪并屡教不改者、工作不称职者将撤职并调离工地，立即组织同等级技工进场，进行人员补充。

第八，制定合理可行的激励机制，调动广大职工的积极性、创造性，降低工程成本。

第九，做好职工的后勤保障工作，在大批人员进场之后，责令有关职能部门的相关人员做好后勤工作的安排，主要解决职工的衣、食、住、行等问题。确保职工无后顾之忧，安心工作。

(2)劳务分包商的保障：在投标阶段施工企业就已筹备劳务分包商的选择，通过对劳务分包商的业绩和综合实力的考核，在合格劳务分包商中选择多家与施工企业长期合作、具有满足资质要求的成建制队伍作为劳务分包，工程中标后即签定合同，做好施工前的准备工作，确保职工准时进场。

(3)劳动力管理保障。

第一，建立劳务管理组织机构(见图5-16)。

第二，制定劳务管理流程(见图5-17)。

第三，现场劳务管控措施。

第四，现场劳务采用实名制管理，实名制管理的主要内容包括：出勤管理、工资发放管理、劳务费结算支付等，项目设置实名制计算机管理系统(见图5-18)。

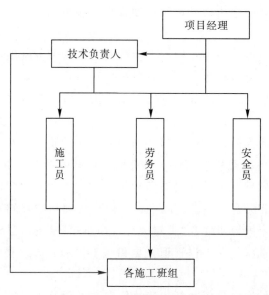

图 5-16　某农场深加工项目劳动力管理组织机构图

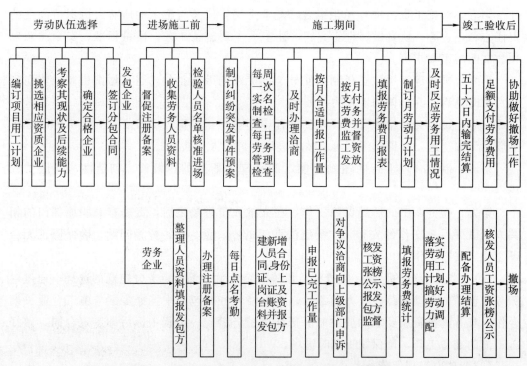

图 5-17　某农场深加工项目劳务管理流程图

第五，劳动力的调配：合理调配劳动力是提高劳动效率的关键。根据总工期进度计划对所需劳动力进行统一调配，需要时马上调配至工作面配合施工，避免出现施工关键阶段因特殊原因造成现场劳动力短缺的情况，以保障关键工序的顺利完成。

第六，劳动力的现场管理：①参加本工程的施工管理、作业人员具有省级建设行

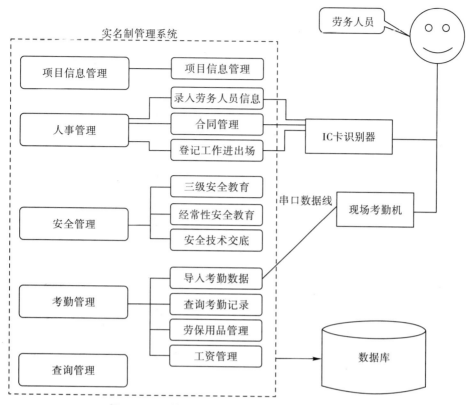

图 5-18 某农场深加工项目实名制管理系统

政主管部门核发的"职业资格证书",并且已按有关规定办理了合法务工手续。②加强劳务分包企业与其劳动者签订劳动合同的监督,对未与劳务企业签订劳动合同的劳动者禁止在施工现场从事施工活动。③项目部设置 2 名专职劳务管理员负责劳务管理。建立施工管理作业人员劳务档案,记录作业人员身份证号、联系方式、职业资格证书号、劳动合同编号及业绩和信用等情况。④施工作业人员必须持有职业资格证书才能上岗作业。对不合格人员不得从事相应施工活动。⑤所有入场的施工作业人员必须接受施工企业组织的专业知识和安全考核,合格后方可上岗作业。施工企业对所有施工作业人员建立考核登记档案和安全学习记录。⑥为调动现场劳动力的积极性,施工企业在进场时将与劳动队伍签订现场施工奖罚协议书,从工期、质量、安全、文明施工等各个方面制定相应的奖罚措施,做到现场管理"有法可依"。⑦施工期间,现场技术人员对关键工序进行旁站式监督,劳动队伍的管理人员保证施工期间不离现场。如需夜间施工,将安排现场值班表,保证现场 24 小时有管理人员在现场。

第七,生活管理与保障措施:①采取临建物业化管理,为劳务人员提供舒适、安全、卫生的良好生活环境。②建立项目工会及工会联合会。工会将进一步拉近公司和作业层间的距离,及时为困难职工办实事,帮助他们排忧解难,让他们安心工作,保证现场劳动力充足。③贯彻落实社会保障政策,工会将加强对劳务分包的监督管理,定期检查分包商工程款的发放状况。④在工人的安全健康方面,坚持"安全第一、预防为主、群防群治、依法监督"的原则，工会开展多种形式的安全生产监督检查活动，积极推动劳动安全卫生监督检查体系的建立健全，确保职工的劳动安全，保证现场劳动力资源。⑤工会成立后要加强组织建设工作。⑥工会的成立能扩大原有单一工会的工作范围，凡是涉及工人切身利益的事情，工会就有责任有义务代表工人出面解决。包括拖欠工资、出现工伤事故、劳动保护等，以保护工人的合法权益。⑦通过工会组织，积极开展宣传、普及劳动法活动，让工人懂得依法维权。

第八，劳务人员工资保障措施：①在与劳务分包的合同中明确约定劳务工程款的支付时间、结算方式，以及保证按期支付的相应措施，确保劳动者工资支付。此外，接到中标通知进场前，施工企业将调配资金，设立工人工资备用金账户，为本工程施工保驾护航。②付款额度公开，每月支付工程款时，施工企业及时将付款的额度通知劳务公司作业班组长，让工人了解施工企业的付款情况，稳定工人情绪，保护劳务人员的知情权，从而在一定程度上制约和避免劳务公司挪用工资款项。工程款支付后，加强对劳务公司资金流向的监督，督促其及时支付工人工资，防止劳务公司将工程款挪作他用。③设置预留账户，在支付劳务公司工程款时，将工程款的一定比例预留，划入预留账户，防止劳务公司在出现管理问题时，仍有资金支付工人的工资。在双方的双重监督下，此账户中的款项专门用于支付劳务人员工资，该账户资金由双方共管，任何一方不得私自挪用，并由工会进行日常监督。工程完工，全部劳务人员工资足额发放后，双方协商取消该账户。④所有施工队伍必须为工人建立工资卡，工人工资不得低于政府要求的最低生活标准，工资发放实行月结季清，凡没按月结季清执行的，在工会的监督下，由施工企业统一代发。⑤为了保障工人的正常生活，工会除了实行月结季清外，在每月不能足额发放工资的情况下，必须按照地方最低工资标准发放，其余工资在本季度末全部结清。⑥单位按照劳动合同约定的日期支付劳动者工资，不以工程款拖欠、结算纠纷、垫资施工等理由随意克扣或者无故拖欠。工程停工、窝工期间劳动者工资的支付，按照分包工程合同和劳动合同的约定办理。⑦与分包工程承包人在工程施工过程中解除分包合同的，及时付清分包工程款。劳务分包企业每月将支付劳务工程款情况和向劳动者支付工资情况，按月如实填入管理系统中。

第九，其他生活保障措施：工人需进行夜间加班时，及时发给加班工资，并安排"夜宵"。生活区的设置严格执行"市建筑施工安全生产标准化示范工地""省建筑施工安全生产标准化示范工地（小区）"标准进行布置。严格按照市的有关规定对工人权益加以保护，确保施工人员权益得到保障。

第十，劳动力退场管理措施，如表 5-37 所示。

表 5-37　某农场深加工项目劳动力退场措施表

序号	措施
1	施工过程中，项目部要根据施工现场进度情况编制劳务工退场计划，对劳务分包队伍劳务工退场工作进行动态管理

序号	措施
2	对退场劳务工提出的问题，项目部负责做好解释和解决工作。项目要提前安排工程结算和工资发放的准备工作，做好劳动保护用品、各种证件、各种物资及机具、行政用品等回收工作
3	对劳务工提出的合理或影响面不大的要求，项目经理部要协调劳务分包队伍及时解决问题，做到当天能解决的事情决不拖到第二天解决，不得无故拖延办理退场时间
4	项目部要做好各种防范应急准备工作，对那些可能发生事件的重要部位和容易集中的地方做好各种防范措施准备，防止突发事件发生
5	项目部监督劳务队劳务工的退场工作。退场工资发放前劳务工本人要签订退场承诺书后，方可领取退场工资和其他费用

六、材料供应计划

1. 工程主要材料数量及进场计划

施工企业根据招标文件及工程量清单，对工程所有主材进行了重新梳理，提前进行咨询采购，确保材料分批进场如表 5-38 所示。

表 5-38　某农场深加工项目主要材料投入计划表

序号	材料名称	规格型号	单位	数量	进场时间
1	中厚钢板	—	t	283.19	开工后进场
2	砂	（净中砂）	m³	2 600	开工后进场
3	预拌细石混凝土	C20	m³	173.23	开工后进场
4	预拌混凝土	C30	m³	2 051.59	开工后进场
5	预拌混凝土	C20	m³	81.07	开工后进场
6	预拌混凝土	C15	m³	558.73	开工后进场
7	型钢	—	t	116.6	开工后进场
8	消火栓	DN65	套	33.00	开工后进场
9	橡胶密封条	—	m	11 650.42	开工后进场
10	屋面檐口板	—	m²	212.76	开工后进场
11	陶粒实心砖	190 mm×90 mm×53 mm	千块	38.79	开工后进场
12	陶粒砌块	390 mm×190 mm×190 mm	m³	174.27	开工后进场
13	陶粒砌块	390 mm×90 mm×290 mm	m³	134.19	开工后进场
14	混凝土实心砖	MU20	千块	26.90	开工后进场
15	混合砂浆	M2.5	m³	315.81	开工后进场
16	干混砂浆	DS M20	m³	151.40	开工后进场

序号	材料名称	规格型号	单位	数量	进场时间
17	干混砂浆	DM M10	m³	94.51	开工后进场
18	干混砂浆	DP M10	m³	80.46	开工后进场
19	干混砂浆	DP M15	m³	15.28	开工后进场
20	碎(砾)石	—	m³	1 236.54	开工后进场
21	塑料薄膜	—	m²	11 962.10	开工后进场
22	素水泥浆	—	m³	25.92	开工后进场
23	水泥	32.5 MPa	kg	105 544.48	开工后进场
24	石灰膏	—	kg	42 317.97	开工后进场
25	散热器	SC(WS)TZY2-100/6-8(10)	片	3 597	开工后进场
26	热镀锌钢管	DN65	m	198.89	开工后进场
27	热镀锌钢管	DN50	m	368.53	开工后进场
28	热镀锌钢管	DN32	m	398.58	开工后进场
29	热镀锌钢管	DN150	m	112.47	开工后进场
30	热镀锌钢管	DN125	m	316.09	开工后进场
31	热镀锌钢管	DN100	m	288.01	开工后进场
32	热镀锌扁钢	40×4	m	815.43	开工后进场
33	轻钢龙骨	—	m²	6 704.64	开工后进场
34	切非消防电源配电箱	—	台	2.00	开工后进场
35	腻子	—	kg	18 536.45	开工后进场
36	面砖	800 mm×800 mm	m²	1 601.74	开工后进场
37	铝拉铆钉	M5×40	百个	315.92	开工后进场
38	聚氨酯甲乙料	—	kg	13 814.87	开工后进场
39	角钢	—	t	37.00	开工后进场
40	环氧富锌底漆	—	kg	555.37	开工后进场
41	厚型防火涂料	—	kg	17 622.07	开工后进场
42	红丹防锈漆	—	kg	830.30	开工后进场
43	焊丝	Φ3.2	kg	5 994.19	开工后进场
44	焊丝	Φ1.6	kg	513.63	开工后进场
45	焊剂	—	kg	2 306.70	开工后进场
46	广照型高效节能LED厂房灯	GT1L-J120W 14 400 lm	套	133.32	开工后进场
47	工字铝	—	m	4 957.35	开工后进场
48	钢制乙级防火门	—	m²	18.80	开工后进场

续表

序号	材料名称	规格型号	单位	数量	进场时间
49	钢制甲级防火门	—	m²	19.60	开工后进场
50	钢丝绳	Φ12	kg	1 583.03	开工后进场
51	钢筋	HRB400 Φ14	t	56.45	开工后进场
52	钢筋	HRB400 Φ8	t	34.39	开工后进场
53	钢筋	HRB400 Φ10 以内	t	11.30	开工后进场
54	钢筋	HRB400 Φ20	t	10.34	开工后进场
55	钢筋	HRB400 Φ18	t	10.10	开工后进场
56	钢筋	HPB300 Φ10 以内	t	6.42	开工后进场
57	钢筋	HRB400 Φ12	t	2.90	开工后进场
58	钢筋	HRB400 Φ16	t	2.47	开工后进场
59	钢管	DN80	m	591.52	开工后进场
60	钢管	DN65	m	458.64	开工后进场
61	钢管	DN20	m	921.32	开工后进场
62	钢管	DN50	m	283.39	开工后进场
63	感烟探测器	—	个	188.00	开工后进场
64	复合模板	—	m²	1 772.99	开工后进场
65	粉煤灰承重砖	370mm	千块	110.23	开工后进场
66	酚醛调和漆	—	kg	332.29	开工后进场
67	防水密封胶	—	支	1 181.02	开工后进场
68	对拉螺栓	—	kg	1 380.50	开工后进场
69	镀锌钢管	SC40	m	402.11	开工后进场
70	镀锌钢管	SC20	m	1 005.48	开工后进场
71	镀锌钢管	SC150	m	243.49	开工后进场
72	镀锌钢管	SC15	m	2 646.55	开工后进场
73	镀锌钢管	SC15	m	2 605.90	开工后进场
74	镀锌钢管	SC15	m	842.26	开工后进场
75	镀锌地线夹	15	套	1 805.55	开工后进场
76	垫木	—	m³	5.03	开工后进场
77	电焊条	—	kg	7 248.58	开工后进场
78	地砖	800 mm×800 mm	m²	7 665.63	开工后进场
79	地槽铝	75 mm	m	428.12	开工后进场
80	单框三层玻璃平开断桥塑钢窗	—	m²	999.00	开工后进场

序号	材料名称	规格型号	单位	数量	进场时间
81	大型疏散指示标志灯	DC24V A 类灯具 2W LED 24V	套	94.94	开工后进场
82	成品隔断	—	m²	68.64	开工后进场
83	衬塑钢管	DN150	m	43.81	开工后进场
84	衬塑钢管	DN125	m	96.96	开工后进场
85	彩钢雨棚	—	m²	77.40	开工后进场
86	彩钢夹芯板	100 厚玻璃丝绵， 容重 50 kg/m³	m²	7 921.84	开工后进场
87	彩钢夹芯板	100 厚玻璃丝棉夹芯板， 密度 20 kg/m³	m²	3 129.71	开工后进场
88	彩钢板	δ0.5	m²	885.77	开工后进场
89	不锈钢圆管	25.4 mm×1.5 mm	m	779.58	开工后进场
90	不锈钢圆管	63.5 mm×2 mm	m	259.86	开工后进场
91	玻璃胶	—	支	1 509.99	开工后进场
92	壁灯（应急照明灯）	DC24VA 类灯具 5WLED24V	套	113.12	开工后进场
93	保温卷帘门	—	m²	37.80	开工后进场
94	保温防盗外门	—	m²	189.00	开工后进场
95	保温防盗外门	—	m²	51.48	开工后进场
96	泄爆窗	—	m²	27.00	开工后进场
97	薄型防火涂料		kg	2 795.83	开工后进场
98	白钢门	—	m²	344.96	开工后进场
99	板枋材	—	m³	38.00	开工后进场
100	电缆	YJV 5×10	m	237.28	开工后进场
101	电缆	YJV 4×50＋1×25	m	78.78	开工后进场
102	电缆	YJV 4×35＋1×16	m	191.08	开工后进场
103	电缆	YJV 4×35＋1×16	m	90.96	开工后进场
104	PVC 装饰板	δ1.25	m²	722.98	开工后进场
105	PVC‐U 双壁光壁消音管	De110	m	221.71	开工后进场
106	电缆	NH‐YJV 5×6	m	315.12	开工后进场
107	电缆	NH‐RYJS 2×2.5mm²	m	1 531.87	开工后进场
108	电缆	NH‐RVSP 2×2.5mm²	m	955.72	开工后进场
109	电缆	NH‐RVS 2×1.5mm²	m	3 245.53	开工后进场
110	电缆	BV 2.5mm²	m	7 285.22	开工后进场

序号	材料名称	规格型号	单位	数量	进场时间
111	配电柜	AA3、AA6800 mm× 600 mm×2200 mm	台	2.00	开工后进场
112	配电柜	AA2、AA5800 mm× 600 mm×2200 mm	台	2.00	开工后进场
113	配电柜	AA1、AA4800 mm× 600 mm×2200 mm	台	2.00	开工后进场

以上材料投入为施工企业根据招标文件工程量清单，结合本工程现有资料拟定的计划，如有更详细工程资料或有变更则根据实际情况进行灵活调整。

2. 高峰期材料供应计划

(1)材料供应商的选择。施工企业将对混凝土分包商进行考察，通过对其原料储备、生产能力、运输能力等综合评价，初步确定两家混凝土搅拌站作为本工程的混凝土意向供应商，并与其签订合作意向书。待业主、监理单位、现场工程师对混凝土搅拌站进行实地考察，综合评分最高的两家混凝土搅拌站将会作为本工程的混凝土供应商。砌块、钢材供应商将从施工企业合格供应商名录里选取候选供应商，其余地材、周材等将根据施工企业集中采购相关规定，依就近原则，先期询价比较至少五家，待中标进场后，立即上报业主及监理单位，确定混凝土供应单位，并确认统一配比、统一原材等，保证本工程需要。

(2)主要材料、设备供应。编制主要材料、半成品及设备需用计划及采购计划，通过编制本工程的施工图预算，对工程施工所用的工程材料、半成品及设备总量进行汇总，使用部门根据施工进度计划编制材料使用总计划、月计划，并于每月25日前向物资部提交下月各种材料、设备需用计划，确定现场所需各种材料设备的最迟进场时间。对于采购周期较长的物资，需提前提交需用计划，以便物资部根据各种需用计划编制采购计划，并做好物资采购前的各项准备工作，包括询价、报批、定货加工等。对于甲供材料，根据已审批的工程进度计划提前28天向业主上报材料采购和供应计划。施工企业总部将全方位为项目服务，服务的内容有项目全面享用总部采购网络平台，向项目派出精通业务的人员协助项目物资部建立物资采购、现场材料管理的标准流程和程序。

由于本工程施工现场材料堆场有限，各种材料、设备需多次分批进场，必须确保上批材料、设备即将用完前下批材料、设备能及时进场，以免延误现场施工。考察、确定合格供货商。施工企业拥有完善的材料供货商服务网络及大批重合同、守信用、有实力的材料供货商，能保证工程所需物资及时进场。根据材料采购和进场计划，物资部将对相应材料供货商进行资质审查和实地考察，选定合格供货商，考察的内容为资格预审中不包括的项目，如生产状况、人员状况、原料来源、机械设备产品应用情况，对供应商的质量保证能力进行审核，对供应商支付能力提供保险、保函能力的调查等。对供货商的选择，原则上至少邀请 5 家供货商参加投标或报价，特殊情况下可采取独家议标（但事先应获取项目经理的批准）。供货商选择的全部记录资料由项目商务部负责保存。在订购各种材料前，向业主、监理呈示有关样本并附上该材料的材质证明书、出厂合格证及生产厂家资质等相关资料，经业主、监理单位审批通过后方与材料供应商签订购货合同。为了确保本项目所需材料的供货按合同规定时间到达，大宗材料的采购合同均要求供货商（含业主指定供应商）提供预付款保函及履约保函。

本工程的工程款将严格执行专款专用，制定严格的资金使用制度及保障措施，特别是材料设备款，严禁挪作他用。每月月底物资部根据下月物资采购计划制订下月资金需用计划，经项目经理审批后提交财务部，财务部按资金需用计划监督资金的使用情况，确保各种材料设备款的按时支付，绝不发生拖欠现象，以保证各种材料如期进场。施工企业总部将本工程列为重点工程，调动公司内所有资源，对项目的资金给予全面支持。

施工企业有完善的周转材料供应商服务网络，拥有大批重合同、守信用、有实力的物资供应商，能保证工程所需材料及时到场。本工程为公司重点工程，公司启动专项资金支持本项目生产，专项资金足以保证现场物资采购需要。根据工程进展，各专业工程师按照施工方案和进度计划提前做好主要周转材料需求计划，项目材料部门及时采购。项目总工程师牵头，专业工程师参加对进场周转材料进行验收。项目物资部、技术部及时向监理工程师呈报材料进场合格证、材料供应商资质证明等。项目部将邀请业主、监理单位现场工程师到材料供应商生产厂家进行现场调研、考察，确保材料商供应能力、材料质量满足现场需求。

七、主要施工机械、设备计划

1. 本工程拟投入的主要施工设备计划（见表 5 - 39）

表 5 - 39 某农场深加工项目主要施工设备表

序号	设备名称	型号规格	数量	制造年份	额定功率(kW)	生产能力	用于施工部位	备注
1	汽车吊	25T	2 台	2018	247	良好	材料运输	
2	汽车吊	20T	2 台	2018	210	良好	材料运输	
3	汽车吊	15T	2 台	2018	180	良好	材料运输	
4	升降车	ZS1212HD	6 台	2019	4.5	良好	高空作业	
5	挖掘机	PC200	3 辆	2017	300	良好	土方	
6	小微型无尾液压挖掘机	SY55U	1 辆	2017	31.2	良好	土方	
7	自卸车	德龙新 15 m³	10 台	2017	350	良好	土方开挖	
8	轮式装载机	SYL956H	1 辆	2017	164	良好	土方	

续表

序号	设备名称	型号规格	数量	制造年份	额定功率(kW)	生产能力	用于施工部位	备注
9	混凝土汽车泵	HBT60 (56米臂长)	1台	2014	—	良好	主体	
10	混凝土搅拌运输车	12 m³/16 m³	5辆	2015	—	良好	主体	
11	蛙式打夯机	—	3台	2015	—	良好	土方回填	
12	钢筋调直机	GJ4-4/14	1台	2017	7.5	良好	主体	
13	钢筋切断机	GQ40-B	1台	2016	7	良好	主体	
14	钢筋弯曲机	GTJB7-40	1台	2016	3	良好	主体	
15	直螺纹剥丝机	GYZL-40	1台	2017	3	良好	主体	
16	圆盘锯	MJ105	1台	2016	4	良好	主体	
17	平板振动器	W-50	1台	2017	0.5	良好	主体	
18	插入式振动器	HZ-50	4台	2016	2.5	良好	主体	
19	交流电焊机	BX-300	1台	2017	22 kV·A	良好	主体、安装	
20	直流电焊机	ZX5-400-1	1台	2016	24 kV·A	良好	主体、安装	
21	潜水泵	150-QJ20	1台	2017	3	良好	备用	
22	电锤	GBH5-38D	2台	2017	0.8	良好	主体	
23	台钻	SLX13-ZQ	1台	2017	1.5	良好	主体	
24	气焊	—	1台	2016	—	良好	主体	
25	手电钻	2X705	1台	2016	0.75	良好	主体	
26	角向磨光机	Φ100	1台	2017	0.65	良好	主体、装饰	
27	砂轮切割机	Φ400	1台	2017	1.5	良好	主体、装饰	
28	空压机	YC6108G	1台	2016	12	良好	装饰	
29	金属切割机	沪产,16	1台	2017	0.5	正常	安装	
30	柴油发电机	200 kW	1台	2015	315	良好	备用	
31	弯管机	SYM-100	1台	2016	2	正常	安装	

2. 主要试验和检测设备投入计划(见表5-40)

表5-40 某农场深加工项目试验和检测仪器设备表

序号	仪器设备名称	规格型号	数量	国别产地	制造年份	用途	备注
1	全站仪	GTP-102R	1	日本	2019	测量	
2	电子经纬仪	J2	1	中国	2019	测量	
3	激光铅垂仪	WILD-ZL	1	中国	2020	测量	

序号	仪器设备名称	规格型号	数量	国别产地	制造年份	用途	备注
4	自动安平水准仪	DZS3-1	1	中国	2019	测量	
5	钢卷尺	雄狮 50 m	1	中国	2020	测量	
6	钢卷尺	雄狮 7.5 m	2	中国	2020	测量	
7	钢卷尺	雄狮 5 m	6	中国	2020	测量	
8	压缩环刀	$\Phi 61.8 \times 20$ mm	6	中国	2020	土方回填	
9	剪切环刀	$\Phi 64 \times 20$ mm	6	中国	2020	土方回填	
10	标准恒温恒湿养护箱	SYB-40B	1	中国	2019	砼养护	
11	全自动温度湿度控制仪	KRF-C	1	中国	2020	标养室湿度温度控制	
12	砼立方体试模	100 mm×100 mm×100 mm	12	中国	2020	砼取样	
13	砂浆试模	70.7×70.7×70.7 mm	5	中国	2020	砂浆取样	
14	塌落度筒	$\Phi 10 \times \Phi 200 \times 30$	2	中国	2020	砼塌落度测量	
15	回弹仪	YD225P	1	中国	2020	测量结构强度	
16	游标卡尺	0~125 mm	1	中国	2020	材料尺寸测量	
17	接地电阻测试仪	ZC-8	1	中国	2019	防雷接地测试	
18	扬尘监测仪	ZK-YC70	1	中国	2020	扬尘监测	
19	声级计	AW5633	1	中国	2020	噪声监测	
20	靠尺	2 m	3	中国	2020	测量墙体垂直度、平整度	
21	塞尺	1~15 mm	1	中国	2020	配合靠尺	
22	角尺	电子数显 SYJDC200	1	中国	2020	测墙体方正度	
23	空鼓锤	—	1	中国	2020	检测墙体地面空鼓	
24	水平尺	500 mm	1	中国	2020	检测地面水平度	
25	电子测温仪	JDC-2	4	中国	2020	砼测温	
26	温度计	—	20	中国	2020	砼测温	

3. 机械设备投入保证措施

(1)机械设备投入保证措施。

第一,本工程大型机械设备主要有汽车吊、混凝土输送泵等垂直运输机械,经施工企业技术人员对本工程具体情况的详细分析及计算,基本确定了本工程大型机械设备的设置情况，混凝土输送泵选型为 SY5133THB - 9018C - 6D 车载泵。

第二，对于汽车吊、混凝土输送泵等大型机械，施工企业已针对本工程设备选型对本地市场进行详细调查，目前已初步确定了汽车吊及混凝土输送泵的租赁单位，并与该单位签订了租赁意向书，约定了本工程所租赁设备的配置情况、需用数量、租赁期限和大致进场时间，待中标进场后，及时按照施工企业的计划时间安排设备及相应人员的进场，确保不影响本工程施工进度。

第三，在满足本工程机械设备投入的基础上，将配备足够的备用机械，如发电机、混凝土输送泵等，以保证在意外情况下也能连续施工。

(2)机械设备的管理措施。为保证施工机械在施工过程中运行的可靠性，采取以下措施：①加强对设备的维修保养，对机械零部件的采购储存。②对钢筋加工机械，特别是电焊机，落实定期检查制度。③为保证设备运行状态良好，项目备齐两套常用设备配件，维修人员长驻现场，确保发生故障后能在 2 小时内修复。

(3)机械设备的保障措施。

第一，现代化的施工，机械设备的装备率越来越高，施工的速度及质量对施工机械的依赖性也越来越高，现场设备的装备情况、设备的先进性及设备的完好性，对工程施工的质量影响也越来越大。为确保本工程的顺利、流水施工，施工企业对机械设备的使用和管理制定有以下保证和应急措施：①由项目经理部的物资部根据施工机具的配置计划和现场施工的具体要求合理安排机具的进退场时间，并呈报业主和监理单位。②确保性能良好、满足施工要求的机械设备和工具按时进场，现场的机械要得到充分的利用，使用完毕后及时组织退场。③物资部全面负责现场机械设备检查维护、保养、管理。物资部下设机械设备工程师。④机械设备工程师负责做好各类设备的技术交底工作，确保设备的安全操作、正常使用和文明施工。

第二，建立施工机械管理制度、岗位责任制及各种机械操作规程，对每台进场设备建立设备台账，设备实行专人进行保管，保证现场机械的管理处于受控状态。各保管人员在项目机械设备工程师的领导下进行设备日常的安全检查、维护保养工作，定期对设备进行检查、盘点，掌握现场使用设备的完好情况，保证不因设备原因影响工程施工。

第三，为避免用电荷载过于集中，造成用电分布不均衡，施工机械的布置尽量做到均匀。同时为便于对加工场地施工机具的管理，加工场地布置相对集中，但是其用电负荷必须小于设计负荷。

第四，配备的机械操作人员技术水平必须与其担任的工作相适应，必须严格遵守持证上岗的规定，做到定人、定机、定岗。

第五，操作人员必须对机械设备进行日常保养，保养的基本内容为"十字操作法"：清洁、润滑、紧固、调整、防腐，保证设备性能正常。

第六，物资部及安全部每周对现场所有机械设备进行检查，对现场机械设备实行挂牌制度，确保机械设备完好。

第七，对于施工中所需要的重要设备，在施工前，物资部需要协调备用设备，设备一旦出现故障无法短时间内修复，立即将备用设备在短时间内组织进场，以确保现场正常施工的需求。

第八，为确保工程在停水、停电等特殊情况下能正常施工，物资部提前协调好在特殊情况下所需要的机械设备。一旦发生特殊情况，能保证立即将所需的机械设备安排进去。

第四节　某职工家属区分离维修改造工程

一、工程概况（见表 5 - 41）

表 5 - 41　某职工家属区维修改造工程概况表

项目	概况介绍
工程名称	某职工家属区分离移交物业、供热系统维修改造工程施工
工程地点	某职工家属小区
工程性质	小区维修改造
招标范围	标段内工程图纸及工程量清单范围内所有工作内容，包括但不限于项目开工准备、实施、试验、竣工验收、交付使用、工程结算至后期保修等所包含的所有工作内容（不包括无损检测工作内容）
质量要求	符合现行国家、行业及地方工程施工质量验收标准以及相关专业验收规范的合格标准
工程概况	本标段工程包含了土建工程、安装工程、市政工程。主要工作为住宅楼维修、道路、铺装、大门、围栏、污水、雨水、路灯、监控、电子门、车辆识别系统等工程

二、施工部署

(一)施工顺序及施工安排

通过了解本标段为 5 个小区，并且在世纪大道两侧，本工程采用平行作业方式，5 个小区配置资源大体相同，可以保证同时施工。本着先地下、后地上，先室外、后室内，先设备、后管线，先拆除、后安装，中间穿插电气、修复工程的施工总体顺序，组织好交叉、平行流水作业。小区维修的施工主要分为五个阶段。

1. 第一阶段

第一阶段为施工准备阶段。

(1)技术准备。开工前，组织施工技术人员认真熟悉施工图纸，充分领会设计意图，了解生产工艺特点。会同业主、制造厂家、监理进行专业图纸会审，进行技术交底，编制施工组织设计(方案)，制订本工程项目质量计划。各种所需规范、标准和资料表格配备到位。维修改造防护措施做到位。

（2）资源准备。①材料准备：根据施工进度计划，提出急需材料进场计划和剩余构件进场计划，由建设单位组织落实，安排运输及储存，并做好验收检验工作。②机具准备：根据施工方案、进度确定进厂施工机具类型、数量及进场时间。③劳动力组织准备：组建专业项目部，选定专业施工队伍（作业层），按照劳动力进场计划，组织劳动力进场。同时进行安全、防火、文明施工等方面教育。

2. 第二阶段

第二阶段为拆除工作阶段（主要工作是旧作业面拆除，4人及挖土方工作）。

3. 第三阶段

第三阶段为施工阶段。

4. 第四阶段

第四阶段为恢复工作阶段。

5. 第五阶段

第五阶段为交工、服务阶段。

工程施工完毕，向甲方办理工程竣工和工程设备移交手续，工程施工资料和技术资料一同交付甲方。为保证小区的生活稳步进行，将根据国家规定或合同条款对工程实行保修服务。

(二)施工里程碑划分(见表 5-42)

表 5-42　某职工家属区维修改造工程施工里程碑划分表

序号	施工里程碑名称	计划开始时间	计划完成时间	备注
1	污水、雨排系统	2020 年 5 月 13 日	2020 年 6 月 30 日	
2	建筑物维修	2020 年 4 月 20 日	2020 年 10 月 10 日	
3	围挡、大门	2020 年 4 月 25 日	2020 年 7 月 25 日	
4	监控系统	2020 年 5 月 28 日	2020 年 7 月 24 日	
5	路灯安装	2020 年 7 月 24 日	2020 年 8 月 29 日	
6	道路及铺装	2020 年 7 月 24 日	2020 年 8 月 31 日	
7	完工验收（除绿化外）	2020 年 10 月 8 日	2020 年 10 月 10 日	
8	绿化工程	2020 年 10 月 11 日	2020 年 11 月 28 日	
9	竣工验收	2020 年 11 月 29 日	2020 年 11 月 30 日	

(三)施工准备(见表 5-43)

本工程施工用水、用电、通信均可就近接入。施工通信采用程控电话和手机通信，小区内手机信号较强，可以正常通信。周围环境较好，交通便利。施工区域环境状况良好，施工机具设备、人员准备就绪可按计划依次进场，由于地处居民区，施工时间受限，施工工期较为紧张。施工用搅拌站设立位置不影响居民生活。应提出书面申请，建设单位同意后方可编制施工方案，批准后方可施工。道路施工、场地铺装时发生的树木移栽，报请建设单位同意，并指定地点由施工单位进行移栽。

表 5-43　某职工家属区维修改造工程施工准备表

序号	施工准备工作项目	工作内容说明
1	施工现场踏勘调查	地下障碍物、管网、电缆、光缆分布情况已调查完毕，关键点部位人工挖探坑取得数据并形成记录
2	设计图纸、施工标准配备	施工图纸已领取、登记、分发，各专业施工标准、图集已按设计要求配备齐全
3	施工计量检测器具配备	工程所需计量检测器具已配备齐全并经过大庆油田计量鉴定测试所检定合格
4	岗前培训、施工人员、设备技术能力评价	进场特殊工种已取得相关执业资格证书，施工管理及作业人员对其进行入场安全教育培训，业务达到要求
5	各专业图纸会审	各专业技术质量人员针对本专业设计图纸中的错、漏、碰、缺等情况，详细进行会审，已经提出问题并单独形成记录
6	系统图纸会审	项目技术负责人组织各专业人员，针对专业图纸会审提出的问题进行分析汇总，形成会审记录，现已交业主及设计单位解决
7	设计交底	建设单位组织监理单位、所有施工单位、使用单位参加，由设计单位对设计图纸进行交底说明，解决图纸会审提出的问题，并已形成设计交底纪要
8	施工组织设计编制	在详细了解设计意图、施工图纸及现场条件后，由项目经理组织技术、质量、造价、劳资、材料、安全等项目相关人员进行施工组织、策划、编制，形成技术经济文件
9	项目质量计划编制	按照集团《项目质量计划编制指南》要求进行编制
10	安全生产条件审查表办理	建立健全项目安全管理各项规章制度；编制安全施工书/表等；按照甲方安全管理部门规定执行
11	质量监督注册	按照油田公司质量监督站及建设单位质量监督室的质量监督注册管理办法执行
12	开工报告办理	施工组织设计审批及安全生产条件审查表、质量监督注册完成后，即可办理开工报告
13	专项施工方案编制	重点、难点分部、分项工程及标准化设计、季节性施工必须单独编制施工方案，是对组织设计的必要补充，可作为结算依据
14	施工预算编制	施工预算用于施工企业内部核算，可指导施工部署
15	施工临时用水、电、土地申请、审批	根据施工进度、劳动力、机械设备配置需求，计算得出施工临时水、电、土地用量，提出申请、审批

续表

序号	施工准备工作项目	工作内容说明
16	工艺试验及材料试验计划编制实施	焊接工艺评定延用申请报告办理，电气、仪表专业工艺试验委托计划编制，工艺、土建、防腐、电仪各专业材料理化试验计划编制实施
17	系统技术交底	是对施工组织设计要点及各专业的全面交底
18	专业技术交底	是土建、水、电专业单独详细制定的分项工程技术交底
19	作业指导书编制	针对管道焊接控制而单独编制的指导性技术质量文件
20	材料、设备、预制构件、自购材料委托计划编制	甲供材料、设备委托计划，施工措施用料采购计划，自购材料委托计划，限额领料措施等编制工作
21	"四通一平"工作实施	施工现场水、电、通信、道路及施工场地平整落实情况
22	施工生活暂设及施工现场平面布置	按照集团生产协调部相关文件及施工组织设计规划进行布置
23	劳动力计划编制实施	根据现场工程量，工序及进度计划安排确定劳动力计划并实施
24	大型施工机械设备进、退场计划	根据现场工程量大小，工序及进度计划安排确定大型施工机械设备进、退场时间安排
25	施工材料进场计划	土建大宗材料进场，标准化预制材料进行前期预制加工生产
26	定位测量、放线	测量基线布置，水准点引测至场区，场区主要建（构）筑物定位放线
27	拆除防护设置	根据现场实际情况进行拆除防护保护，危险源警示标识

1. 技术准备工作

(1)熟悉被拆建筑物的竣工图纸，弄清楚建筑物的结构情况、建筑情况、水电及设备管道情况，地下隐蔽设施情况。工地负责人要根据施工组织设计和安全技术规程向参加拆除的工作人员进行详细的交底。

(2)对施工员进行安全技术交底，加强安全意识。对工人做好安全教育，组织工人学习安全操作规程。

(3)踏勘施工现场，熟悉周围环境、场地、道路、水电设备管路、建筑物情况等。

2. 现场准备

(1)清理施工现场，保证运输道路畅通。

(2)施工前，先清除拆除范围内的物资、设备；将电线、水道、供热设备等干线与该建筑物的支线切断或迁移；检查周围旧房，必要时进行临时加固；向周围群众出安民公告，在拆除危险区周围设禁区围栏、警戒标志，派专人监护，禁止非拆除人员进入施工现场。

(3)对于生产、使用、储存化学危险品的建筑物的拆除，要经过消防、安全部门参与审核，制定保证安全的预案，经过批准实施。

(4)搭设临时防护设施,避免拆除时的沙、石、灰尘飞扬影响生产的正常进行。

(5)在拆除危险区设置警戒区标志。

3. 技术准备

技术人员认真审查建设单位提供的建筑、结构等图纸;掌握该拆除改造部位的结构形式,并进行实地踏勘,绘制合理的施工现场平面部署图;技术人员应认真核实建筑物基础结构形式和地下构筑物状况;掌握该楼座地下管线分布情况,制定专门的基础开挖及管线保护方案、措施。

4. 施工现场围护及安全警示标志的设置

(1)施工现场围护:采用钢管架及彩钢板将方案设计围护范围进行围护;围护的位置、高度、围护方式等均须满足要求。

(2)按照安全要求挂设警示标志,在大门口及危险源较大的位置设置危险源警示牌。

(四)技术准备工作

(1)根据本工程的特点,任务确定后,应及早与设计单位结合,掌握施工图的编制情况,使施工组的设计在质量、工期、工艺技术等方面既能适应业主、设计方的要求,又能适应施工技术的发展水平,为施工顺利实施扫除障碍。

(2)项目技术负责人组织各专业技术人员认真学习设计图纸,领会设计意图,做好图纸会审。

(3)根据"质量手册"和"程序文件"要求,针对本工程特点进行质量策划,编制工程质量计划,制定特殊工序、关键工序、重点工序质量控制措施。

(4)依据施工组织设计,编制分部、分项工程施工技术措施,做好技术交底。

(5)认真做好工程测量方案的编制,做好测量仪器的校验工作,认真做好原有控制桩的交接核验工作。

(6)编制施工预算,提出主要材料用量计划。

(五)劳动力及物质、设备准备工作

(1)选择专业水平高、组织健全的作业队伍,根据采用的施工组织方式,确定合理的劳动力组织,建立相应的专业和混合班组。做好施工队伍的编制及分工,做好进场的三级教育和操作培训。

(2)按照开工日期和劳动力需求计划,组织劳动力进场,安排好职工生活。进场前必须对所有职工进行入场教育,教育工作包括规章制度、安全施工、操作技术、质量标准和精神文明教育五方面。要求进入施工现场的施工人员,必须进行施工前的安全和质量培训,并对施工管理人员进行强制性条文的学习和考核。发放或组织学习总承包联合体和土建分部各管理部门的有关管理制度和条文,提高参施人员的素质和管理水平。

(3)根据预算提出材料供应计划,编制施工使用计划,落实主要材料,并根据施工进度控制计划安排,制订主要材料、半成品及设备进场时间计划。

(4)组织施工机械进场、安装、调试,做好开工前准备工作。

（5）施工人员必须具备相应的岗位素质，特殊工种必须持有相应的技术等级证书才能上岗操作。

（六）施工现场及管理准备工作

（1）做施工总平面布置并报有关部门审批。按现场平面布置要求，做好施工场地围墙和施工三类用房的施工，做好水、电、消防器材的布置和安装。

（2）按市要求做好场区施工道路的路面硬化工作。

（3）抓紧与地方政府各有关部门接洽，疏通关系，办理开工前各项手续，保证施工顺利进行。

（4）完成合同签约，组织人员熟悉合同内容，按合同条款要求组织实施。

（七）建立健全施工现场的测量控制网络

（1）测量管理实行二级测量管理制。土建分部设立测量班，全面负责整个基坑工程的测量工作，包括场地控制网测量，设置场区永久性控制测量标准，复核各专业的测量工作。各班组设测量班组，负责本班组各项测量工作。

（2）开工前完成测量交接桩及其复核工作，完成施工测量方案的编制和控制网点测量成果报监理审批。现场道路中线、用地红线及现状测量也在开工前完成，为工程开工创造条件。

（3）测量放线应提前进行，为临设、材料堆放、半成品加工提供确切位置，同时，核查管线图纸，标明管线现场位置。

（八）试验机构的建立

建立起完善的试验管理体系，制订出适合本工程的试验计划，尤其是项目中采用的新结构、新材料、新技术的实验工作计划，准备检验、试验、设备、仪器、仪表、工具等。由于施工规模巨大，计划在场内设立现场实验室，设一名主管试验工程师，专项负责本工程试验计划的制订和全面试验工作，指导现场试验人员完成材料的采集制作和进场材料的试验检验，确保应用于工程的全部材料合格，提供完整、准确的施工试验报告。

（九）编制施工进度质量、成本等控制实施细则

根据本工程特点，为按时、保质、高效地完成建设任务，必须编制进度、质量、成本等各项工作的控制实施细则。

（十）标准图集、规范等技术文件的准备

工程开工前，准备选用的规范、规程、标准、图集，组织技术人员及现场管理人员学习施工规范、工艺标准，以及业主、监理单位下发的有关文件，熟悉、了解本工程的施工特点，掌握各项目的施工工艺和技术标准，施工组织设计或施工方案的编制工作并报监理单位审批，作业前完成施工各项目的现场施工技术交底，提出各种成品、半成品的加工计划及钢筋、钢筋笼的加工计划。

三、工期安排计划及网络图和横道图

（一）编制计划依据
（1）依据施工招标文件、答疑资料及有关的技术参考资料。

（2）依据施工图设计图纸。

（3）依据国家现行的有关施工、验收规范及强制性标准。

（4）依据国家、省政府等地方政府颁布的相关法律、法规等。

（5）依据工程现场调查及踏勘情况。

（6）依据施工企业历年来在类似工程施工中所积累的技术和管理经验及计划投入到本工程的人力、材料及设备等资源。

（二）编制计划原则

1. 确保工期的原则

严格按照业主提出的工期要求，科学地安排施工生产、作业程序，认真组织劳动生产力，采取既有平行又有交叉作业的施工方法，控制施工进度，确保工程工期。

2. 确保安全的原则

制定切实可行的施工技术方案和安全保证措施，定人、定岗、定职责、定奖惩，确保施工安全和人身安全，严格控制死亡率和重伤率。

3. 确保质量的原则

严格按照质量管理体系的要求组织施工，强化施工管理，建立健全质量保证体系，强化施工质量保证措施，使各项工作落到实处，确保工程质量目标的顺利实现。

4. 优化施工方案的原则

严格遵照招标文件中的要求，结合本工程的实际情况，优化施工方案。积极推进技术与管理创新，确保工程质量、安全施工，努力降低工程成本。

5. 突出重点、统筹兼顾，合理安排的原则

根据工程特点，将工程施工工序进行合理分解，搞好各个工序相互之间的衔接；合理配置生产资源，采用先进的技术装备，做好机具选型配套，提高施工机械化水平，实施标准化作业；正确处理施工建设与环境保护的关系；临时工程、临时设施的设置尽量利用既有设施和规划用地，又尽量与永久性工程相结合，兼顾当地群众利益。

6. 保护环境的原则

认真保护当地的自然景观和生态环境，避免施工中对环境的破坏。

7. 专业化施工的原则

针对该工程的施工特点，从实际情况出发，优化施工队伍的配置，安排参加过类似工程施工，经验丰富的专业化施工队伍，以确保工期和质量。

（三）工期计划安排

总工期：224日历天。

计划开工日期：2020年4月20日；计划竣工日期：2020年11月30日竣工（实际开竣工时间以施工合同约定为准）。

其他时间节点要求：2020年6月30日小区地下部分污排、雨排、供热必须完成，物业项目（除绿化外）2020年10月10日完工。2020年12月30日前完成一审决算。

四、工期保证措施

(一)施工进度的三级动态控制措施

(1)一级进度计划是业主要求的进度计划,二级进度计划是项目经理部根据业主要求制订的进度计划,三级进度计划是各施工作业队伍根据项目经理部要求制订的进度计划,这三个计划要求总体衔接、稳定平衡,通过信息反馈,对计划实施的全过程做有效的动态控制。

(2)除编制月计划外还要求编制更具体、更具有实践性的周计划,凡是条件变化了的,都要在周计划上加以调整。

(3)每月召开一次现场会,每周召开一次协调会,把反馈的信息立即做出正确处理。

(二)人、财、物的保障

(1)本工程公司将委派具有大型工程总包经验和能力的项目经理和从事项目总包管理的各类专业人员组成项目经理部,以最大限度地满足工程建设的需要。

(2)施工企业除对项目的实施和管理具备强有力的支持、服务、控制外,还具有实力强大的专业化所形成的施工保障能力。

(3)施工企业具备良好的资信、资金状况和履约能力,具备丰富的工程项目策划、管理、组织、协调、实施和控制的经验和能力。在该工程上将不折不扣地实行专款专用。

(4)公司本身拥有强大的施工机械设备资源,包括种类齐全、性能先进的各类施工机械设备、测量仪器设备、检验试验设备,能满足大型复杂工程的需要。

(三)保证工期的技术措施

(1)以最快的速度进点,边建设临时设施,边进一步深入现场调查,依据设计图纸,编制实施性施工组织设计,积极做好开工准备,为下一步全面开展施工创造条件。

(2)按足够的设备力量和人员组成投入施工,严格按照批准的施工组织设计安排施工进度,确保工期。

(3)以最快的速度进点,边建设临时设施,边进一步深入现场调查,依据设计图纸,编制实施性施工组织设计,积极做好开工准备,为下一步全面开展施工创造条件。

(4)抓好施工黄金季节的计划安排,充分利用网络技术,根据优化的网络安排,从技术、设备、劳力上保证关键线路的需要,实施平面、立体交叉作业,同时抓好非关键线路,同步展开,整体推进工程进度。

(5)建立健全完善的技术保障体系,确保施工生产顺利进展和加速施工进度,实行总工程师质量总负责的技术责任制,配备足够的有施工技术经验的工程技术人员,除编制好实施性施工组织设计外,对关键工序还必须编写施工方案;认真执行技术交底制,实行分项工程施工前的现场技术交底制度,技术交底必须成为施工生产的依据,确保施工质量和安全生产,加快施工进度。

(6)合理划分流水段,扩大工作面,加快施工进度。

(7)结构分段验收，尽早穿插二次结构和装修工序。

(8)安排好职工生活，开展劳动竞赛，加快工程进度。

(9)认真遵守国家和地方行政主管部门颁布的各项法规，加强同业主、设计、监理、科研部门的联系，加强与地方政府及各有关部门、四邻百姓的联系、协调、合作，减少扰民和民扰。

(10)加强工程进度的计划性：①施工期间建立进度控制的组织系统，按进度控制计划进行阶段工程进度目标分解，确定其进度目标，编制月、旬作业计划，做到日保旬，旬保月，并做好施工进度记录。②加强施工中进度控制，将实际进度与计划进度对比，及时调整。③建立现场会、协调会制度，每周召开一次现场会，每天召开生产调度协调会，加强信息反馈，及时协调各工种进度，确保工期目标实现。

(11)加强成品保护工作：①做好成品保护工作，减少返工、返修浪费，加快施工进度。②对全体职工加强教育，使他们在施工过程中做到自觉自律；在每天的班前会上，要求班长要强调职工的成品保护意识，提高他们的职业道德和职业素养。③建立一套严格的管理体系和管理制度，做到成品保护有制度，成品保护工作有人负责。

(四)保证工期的组织措施

(1)本工程将作为重点工程，成立以项目经理为首的强有力的项目管理班子，严格管理、科学施工，公司机关各职能部门积极配合、全力服务，在人力、物力、财力技术上给予重点支持、重点保证。

(2)合理组织流水，加大施工穿插力度。本工程单位工程数量较多，有穿插施工的优势，根据以往同类工程的施工经验，按均衡流水施工工艺划分流水段，采取"平面流水，立体交叉"法组织工序间的流水施工、加大前后工种施工的穿插力度，切实控制各节点施工工期，最终确保实现总工期。

(3)加强与业主、设计、监理单位的联系。在工程中，施工企业将采取主动态度，想业主之所想，急业主之所急，积极解决施工中遇到的包括设计、构件加工、工程验收等多方面内容在内的问题，积极为业主服务，为工程的顺利竣工负责。

施工进度计划能否按时完成，存在很多因素，其中往往涉及作为统管全局的业主方、监理方，由于存在一些还未明确待定的设计问题，如若不能很好的解决，将对施工进度产生一定的影响。所以施工中，施工企业将主动与业主、设计单位和监理单位等保持不间断的联系，为工程顺利施工创造通畅的环境。

(五)可能影响工期的因素以及解决措施

1. 工程工期延误因果分析图(见图5-19)

2. 施工配合因素及解决措施

(1)工序衔接不紧。工程在施工中会出现上一个工序完成，下一工序还无法开始，往往需要等很长时间才开始下一工序，这就造成工序之间的脱节，影响到工期。项目部应做好详细的计划，把问题考虑充分，使每一步都能按计划完成，让每一道工序紧密搭接。

(2)成品交叉破坏返工。①工序颠倒：工程施工中还会出现工序颠倒的情况，施工

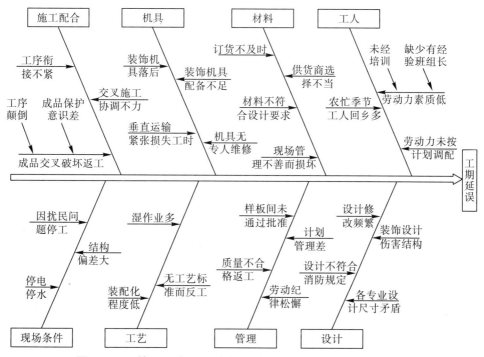

图 5-19　某职工家属区维修改造工程工期延误因果分析图

企业选派施工经验丰富的管理人员，针对工程施工具体情况，制定严格的施工顺序，确保不出现工序不清颠倒的情况。②成品保护意识差：工程施工到一定程度，成品会越来越多，如果成品保护意识不强，施工完的成品不注意保护，前面施工完，后面就跟着修补返工，产生交叉破坏，势必会影响到工期。施工企业随时对现场施工人员进行成品保护教育，并制定严格的成品保护制度，同时安排专人看守。③交叉施工协调不力：现场施工往往会出现几个工序同时进行交叉施工的情况，如果相互之间不能协调好，就会打乱仗，就会相互产生影响。项目在施工中出现这种情况后，将厘清工序，分清先后顺序，由项目技术负责人协调施工队伍之间的施工配合。④因扰民问题须停工：施工过程中干扰施工现场以外人员的工作和生活，造成工程停工，也是影响工期的因素。本工程施工现场属闹市区，施工企业将加强施工工人的管理教育不影响周边社区的正常工作和生活。另外，施工企业将加强现场垃圾的管理，避免因垃圾产生的扬尘，而影响周边的安全造成不必要的停工。⑤停电、停水：现场施工也时常会出现停水停电情况，如果出现的频率太高；时间太长，将会影响正常的施工。施工企业应密切与现场业主联系，出现停水停电情况将以最快的速度在最短的时间内处理，同时，对于施工用水将准备工具储备一定量的水；对于施工用电配备几台发电机以做应急之用。⑥结构偏位大：现场结构也会与实际施工情况有些不符，施工企业在工程开工前对现场进行细致勘探，在查出结构问题后，及时与业主联系协调，在施工前将结构问题处理完。⑦施工垃圾外运难：施工现场会产生大量的垃圾，如果不及时清理，将会越积越多，向外运输就会更困难，会给现场施工造成极大的不便，施工企业应在进场的同时就联系外运专用垃圾清运车,在业主来不及统一清运时,施工企业自行单独清运每日的生产垃圾。

3. 机具因素及解决措施

(1)安装机具落后:目前机械化施工的程度越来越高,如果选用的机具陈旧落后必将对现场施工带来影响,施工企业将定期在市场上选购一批工作效率高、先进的机具设备,从而始终保持机具的领先,提高现场工作效率。

(2)垂直运输紧张损失工时:本工程贵宾楼共九个层楼,迎宾楼共三个楼层施工,楼层虽不高,但施工量大,垂直运输已经不能满足施工要求,施工企业应安排大量人力来运输材料,保证不因任何原因影响整体工期。从而满足材料和人员的上下需求。

(3)机具配备不足:现在的施工现场机械化施工比较多,如果机具配备不足,必将影响现场施工效率,将集中调配足够的施工机具到施工现场,并且施工企业还将选购一批新机具,以补充现场机具的需求。

(4)机具无专人维修:现场施工的机具多,施工人员对机具的使用不爱惜或有问题不及时维修,造成大量的闲置,这样现场的机具使用率会非常低,也将影响施工进度。施工企业在本工程施工现场将安排两名专修人员负责施工机具的日常功能保养和维修工作。

4. 材料因素及解决措施

(1)订货不及时。工程施工在进行过程中,往往因为材料不及时到现场而造成停工,有一部分又是因为材料计划的不及时而造成订货的不及时。项目将及早、及时准确地拿出材料采购计划,以免延误订货时间。

(2)材料不合设计要求。材料不符合设计要求,到现场后不能使用,影响工程进展。项目部将安排技术人员到材料供应商厂家现场蹲点,保证到现场的施工材料为合格品满足设计要求。

(3)现场保管不善而损坏。对于到现场的材料,一部分材料用于施工部位;另一部分材料要堆放一段时间,在现场堆放过程中,由于施工或其他原因造成材料的损坏,影响工期。项目部将到场的材料安排到较封闭的场地存放,并且,安排专人24小时看守。

(4)供货商选择不当。工程施工中会有许多材料供应厂家,如果选择的供应商不当,会影响进度。施工企业将与那些有多次合作的和规模较大的材料供应商合作。

(5)运输受阻。材料的运输也会成为一项影响工期的因素,如果在材料运输的过程中出现交通事故或其他突发事故,那么在计划的时间内到场的材料就不能到场,这也成为影响工期的一项因素。项目在材料运输期间,随时与运输人员取得联系,随时掌握运输过程中的情况,便于项目在一定的情况下,对现场施工做出调整。

5. 工人因素及解决措施

(1)缺少有经验经培训的班组长,劳动力素质低。项目施工在具备了高档材料,先进机具设备后,要想做出装饰精品,那么施工队伍,劳动力素质极为重要。如果施工班组缺少经验,素质低。施工就会不熟练,甚至还会不断出错,施工质量难以保证,同时还会影响工期。施工企业在劳务队的选择上极为重视,队伍都是来自具有"建筑之乡"美称的地域，而且从中挑选出具有多年施工经验的工人。

(2)劳动力未按计划调配。如果劳动力不能按计划进行调配，也将会影响工期。工程开工前项目会制订详细的劳动力计划，如果不能及时的按计划调配，短期目标就很难实现，那么就会影响总体工期目标。施工企业储备充足的劳动力队伍，这样一旦按预订计划到位的施工队伍不能到位，那么立即采取替换，保证现场施工不受影响。

6. 工艺因素及解决措施

(1)施工工艺烦琐陈旧。现场施工工艺烦琐陈旧就会影响施工效率，现在新工艺、新技术不断出现，而且装饰的施工工艺日渐简单，易施工。施工企业将随时掌握这方面的信息用于工程施工中。

(2)装配化程度低。现场施工中，有许多分项工程可以在场外加工场内安装，这样可以大大提高现场的施工速度。项目部在分析每道施工工序时，理出可在场外加工，运到现场安装成活的施工内容，提高现场的装配化程度。

7. 管理因素及解决措施

(1)样板未通过批准。工程开工前，要做施工样板，如果施工样板不能及时通过，那么就不能大面积展开施工，就会影响工程进展。因此，项目在做样板时，从材料、劳动力、质量、工期等各个环节严格控制，把所有工作做到最好。

(2)无工艺标准而返工。项目在施工中将严格执行行业标准，无施工工艺标准就不施工，施工完也要返工，这就会影响工期。有了工艺标准再施工，使每一项工序都有标准。

(3)质量不合格返工。工程质量不合格造成的返工是影响工期的重要因素，项目将制定详细的质量保证措施，确保质量验收一次合格，不出现返工现象。

(4)计划有缺口。项目施工中会制订许多计划，这些计划的制订有利于指导现场施工的进度，那么施工计划完不完善合不合理，项目将对制订的计划严格把关。

(5)进度考核不力。项目进度如果不能按阶段完成，就会影响总工期，项目将每个进度节点控制好，加大力度完成每个进度节点的内容。

(6)劳动纪律松懈。项目还需要加强劳动纪律的管理，没有严格的纪律，整个项目就会松懈，一盘散沙，这样就不会有好的劳动氛围，因此，会影响到现场施工等各项工作。

8. 设计因素及解决措施

(1)设计修改频繁。施工设计反反复复的修改也是影响工期的因素，如果图纸设计方案迟迟不能定下来，后面的工作就无法开展。

(2)设计不符合消防规定。按照规定现场设计必须满足消防要求，如果不符合消防规定，图纸就不能审定，工程就不能开展。施工企业将选派经验丰富的设计人员参与现场的设计。

(3)各专业设计尺寸矛盾。由于本工程功能性强，专业施工企业多，各单位的施工图纸会有些设计尺寸上的矛盾，施工企业将加强与各单位的协调，有问题及时发现、解决。

(4)设计不及时，进口材料，采购进货周期长。由于设计不及时，方案不能尽早出来，就影响到材料的订货，因为许多材料要从国外进口，这就需要订货周期，因此，设计方案如果能及时选定，就能为材料的订货特别是进口材料的订货赢得时间。

9. 工程进度落后原因分析及采取的应对措施(见表 5 - 44)

表 5 - 44　某职工家属区维修改造工程进度落后原因分析及应对措施表

项目	找出所产生的落后原因	针对产生的落后原因所采取的应对措施
工程流动资金	劳动力资源短缺	由总部支援人手，借用其他工地人员支援，加班加点
	工程资金调度困难	向总部求助、向银行贷款
	业主未按时支付进度款	加强与业主及监理工程师协调，促使业主早日付款
施工进度计划	材料及设备未按时进场	早日提出材料采购申请计划，注意供货商生产时间
	政府法规变更	随时注意政府相关法规变更及时提出相应对策
	图纸的设计变更	请业主提早提出变更方案、施工企业适当向业主合理化建议
	施工工艺流程变更	请业主及监理方协调各相关单位施工步骤变更的施工方法
	部分施工材料短缺	随时注意施工材料是否有短缺情况及市场行情
	遭遇天然灾害	工程保险，收听天气预报，注意天气状况，提前做准备
质量保证措施	材料设备品质不良率偏高	加强成品及半成品制造过程的监督
	材料设备规范未能符合要求	及时更换供货商
	工人施工技术不过关	加强岗前培训教育工作，使用技术纯熟的技术工人
	工程监理力度不够	加强内部管理、加大监理力度
	工程交叉作业未能协调好	加强与各分包单位的协调，并请业主及监理方加强协调工作

五、赶工措施及配合协调措施

(一)赶工措施

无论何种原因导致工程进度拖延，以投入资金为基础，以加大投入人力、物力为保障，确保合同节点工期圆满完成，施工企业项目部根据目前工程实际情况，本工程采取以下措施进行赶工。

(1)加大资源投入，购置或租赁机械设备和工机具(见表 5 - 48)。

(2)增加项目管理人员、施工班组人员(见表 5 - 45)，局部区域在保证安全施工的前提下实施立体交叉作业；同时根据具体情况，制定新的夜间施工措施。

(3)加大周转材料投入，为了缩短工期，进一步加强组织措施管理：调整管理机构、增加管理及技术人员、加强施工班组管理力度、及时更换不合格或不适合的管理技术人员及施工班组人员、加大赶工宣传力度(实施进一步的劳动竞赛活动，树立全体员工"安全为天、质量为本、进度为关键"的意识，确保在无安全和质量事故的前提下完成赶工过程)、实行新的奖励措施等。

第一，人员配备：配备经验丰富的项目部班子、管理干部、工程技术人员和施工工人，组成强大的施工队伍，建立以项目经理为首的工期保证体系，考虑影响工期的其他因素，关死后门，确保"12.15"里程碑工期如期完成。

第二，技术措施：制定合理和先进的施工措施；合理划分施工段，组织流水施工作业；认真贯彻执行施工过程控制、衔接过程控制、质量检验计划、施工图纸会审、工程交接、工程图纸和竣工技术资料等程序和制度。

第三，组织措施：工程施工前制定详细的施工网络组织，并根据施工网络组织制订月度及每周的施工进度计划，并定期盘点统计，不仅要及时调整施工进度网络图，而且要分析施工中存在的问题，正确估计下一步影响施工的各项因素，并采取相应的补救措施。

第四，物资供应：选用良好的机械设备投入本工程使用。按照网络计划做好设备进场、材料供应工作，掌握并落实材料的到货情况，协助业主做好材料先行定牌、定规格、定色泽。加强材料及设备的管理力度，必须设多名材料保管员及采购员对市场进行询价、摸底及进场物料的清点、保管工作。大力推行设备及材料的仓储管理，由于施工现场场地狭窄，为了确保物资充足，应采取多备料，使用时采用人工或运输车进行二次或多次搬运。

地方材料采购，充分做好市场调查工作，落实货源，确保工程对材料的需求。随时了解材料供应动态，对缺口物资要做到心中有数，并积极协调，特别大体量的材料（如钢筋、方木、模板、钢管）由于当地资源缺乏，为使进度计划得以顺利实施，只有异地采购。根据不同的施工阶段要求，需业主、设计认可的材料、设备，在采购前提供样品及时确认，缩短不必要的非作业时间。

第五，赶工措施：网络计划中关键路径的项目，必须加大劳动力，一鼓作气抢占进度，宁愿出现劳动力过大产生工作效率降低导致窝工，也要完成主节点部位的施工。实行加班加点，工作主动向前赶。当工程进度发生拖延时，将针对工程进度拖延的原因进行全面具体详细的分析，提出合理的赶工方案，编制安全可行的赶工计划，制定具体的赶工补救措施。

第六，受天气影响的赶工措施：①受天气因素影响时，采用在施工现场搭设防雨棚、防雨布等设施，增加安全设施，确保施工如期进行。②在受天气因素影响确实无法施工时，本工程将调整作息时间。③增加雨天员工个人防护措施。配发相应的雨具及雨天施工防护用品。④加强对雨季的预测防范工作，加大雨季施工的安全、质量保证措施。

第七，受施工图纸交付使用推迟、安装需用的文件资料不足影响的赶工措施：①利用公司丰富的工程施工经验，及时进行材料备料，充分做好施工前的准备。②编写新的施工技术措施方案或采用临时技术措施，调整施工顺序和进度计划中的工序逻辑关系。③加强图纸文件资料管理和学习，提前预测图纸文件资料的需求计划，做到提前与设计单位、建设单位进行图纸资料需求的沟通。④加强与业主、设计单位之间的协调，减少各方接口问题，加强沟通与联系，加快文件图纸审批与问题的解决。

第八，安生措施：①由于抢占工期，投入的人工过大，所以需多建20％的工人宿舍，以解决民工食宿问题。②给操作民工配备相应的劳动安全防护用品(安全帽、工作服、手套、劳保鞋、雨衣及特殊工种的安全用品等物品)。③由于工作面的大幅度增加，对于安全防护更需及时布置，特别是脚手架工程更需加大投入，做好层层满铺钢巴片，多设安全通道及运输通道，垂直工作面外墙脚手架采用脚手片全围护。④施工用电方面，多配备动力分箱及移动配电箱，确保施工用电的安全性。

(二)配合协调进度措施

1. 土建专业配合

土建专业改造是施工的主体，视频监控和排水整改需要土建专业提供条件后才能安装，土建专业的预留、预埋及基础的施工质量对其他工程实施有较大的影响，为与土建专业顺利配合，采取以下措施。

(1)积极参考土建图纸，做好施工图纸的会审。

(2)在土建施工期间，其他专业所需的预留孔洞、预埋件、设备基础施工积极配合：施工前定位，施工后复查。

(3)当其他工程有特殊要求时，在土建施工前向土建单位做好详细的技术交底，需要出图时进行出图。

(4)做好工序交接和复核工作、将问题暴露在施工前，解决在施工前。

(5)积极按土建专业要求布置施工用地、用水、用电等。

(6)积极做好土建的成品、半成品保护工作，不破坏土建专业的成品和保护工作。

(7)积极参加土建专业组织的协调会议。

(8)因变更引起的对土建成品、半成品造成损坏的施工，事先应和土建专业协商好，确定最好的施工方案后才进行施工，把损失降到最低。

(9)在施工过程中严禁野蛮施工，以便对土建的成品、半成品造成不必要的损坏。

2. 与其他专业的配合措施

(1)在图纸会审时，进行专业互审，发现问题在施工前解决。

(2)在同一地方安装时，多协商，以便施工顺利，不出现矛盾。

3. 与甲方的工作协调

任何优质工程的建设都离不开甲方的支持，因此必须做好与甲方的协调工作：在一些关键的部位、关键时候都应与甲方多沟通，做好局部竣工验收工作，对一些重大变更及时做好签证手续；对于一些专业性强的问题多请教、多学习；根据长期积累的经验，对于一些设计或其他原因引起的错误，提出合理化的建议，为甲方节约一份资金。本着全心全意为甲方服务的精神做好以下几方面的工作。

(1)施工企业将严格执行甲方的决策，绝对服从甲方的管理。

(2)积极配合甲方进行场内的施工准备工作，为甲方排忧解难。

(3)在熟悉图纸的基础上及时、准确地编制工程预算和施工进行计划，提供设备及材料清单报送甲方，并派出具有丰富经验的材供人员密切协助甲方进行设备材料订购的"三比""一算"等联系工作，使设备材料采过程与工程施工过程的衔接到一起。必要时协助甲方报关和设备仓储，以有利于消防安装工程有序开展。

(4)密切配合甲方进行设备、材料的交接和检验工作。

(5)积极配合甲方进行验收。

(6)积极配合甲方进行系统深化设计、提出合理化建议等工作。

(7)施工企业确保对项目部资源配置，保证项目不因自身原因拖延。施工过程中，施工企业始终以甲方利益为重。

4. 与监理工程师的工作协调

正确理解监理工程师的地位和作用，监理单位的工作与施工企业是相互促进的，有效的监理能减少施工方的返工和失误，确保工程顺利开展。为此，施工企业将密切与监理工程师配合，协调工作。

(1)协调配合原则：监理工程师要求高于施工规范，如果有利于工程，施工企业服从监理工程师的意见，监理工程师提出功能改善的建议，施工企业服从监理工程师；监理工程师提出合理的施工方法，施工企业服从监理工程师。

(2)协调配合措施：积极参加监理工程师主持召开的每周一次的生产例会或其他会议；严格按监理工程师批准的方案进行施工。

(3)按监理工程师要求编制各种资料，保证工程资料的统一和协调。

(4)对监理工程师提出的问题要及时总结分析并整改。

(5)施工企业现场施工人员绝对服从监理工程师监督，不得和监理工程师发生争执。

六、劳动力组织计划安排(见表 5 - 45)

本维修改造工程劳动力按施工网络进度安排劳动力陆续进现场施工。进场前做好公司、项目部两级技术交底和安全交底。在实际施工中，根据与其他专业工种作业衔接沟通情况，再做出必要的调整。

表 5 - 45 某职工家属区维修改造工程劳动力计划表

单位：人

工种	按工程施工阶段投入劳动力情况						
	建筑物维修	污水、雨水工程	道路工程	铺装工程	路灯、电气工程	门禁、监控系统	绿化工程
测量工	4	4	4	4	2	1	2
瓦工	30	10	20	20	5	5	5
木工	15	2	8	8	2	—	2
混凝土工	4	4	4	4	4	4	—
钢筋工	6	6	6	—	—	—	—
抹灰工	35	10	10	—	—	—	—
机械工	6	6	6	6	—	—	—
架子工	32	—	—	—	10	—	—

工种	按工程施工阶段投入劳动力情况						
	建筑物维修	污水、雨水工程	道路工程	铺装工程	路灯、电气工程	门禁、监控系统	绿化工程
电工	2	2	2	2	12	2	2
弱电工	—	—	—	—	—	8	—
油漆工	35	4	—	—	—	—	—
电焊工	3	12	3	—	3	3	—
防水工	10	2	—	—	—	—	—
路面工	—	—	8	4	—	—	—
管道工	—	18	—	18	—	—	—
力工	50	30	20	30	15	10	20
合计	232	110	91	96	53	33	31

七、主要材料数量及进场计划

(一)编制材料供应计划

1. 编制项目主要物资设备需用量总计划

根据施工图、施工组织设计编制该项目所需主要物资用量总计划，分阶段列明所需物资的品名、规格、质量、数量，以及合同文件与供应协议规定的其他要求，并报业主或业主代表批准。

2. 编制主要物资月度供应计划

按合同文件的规定、施工进度计划、翻样、构件详图等，并充分考虑加工采购周期、运输、验收时间，向项目部编报月度供应计划，并经项目部审核。

(二)材料使用高峰供应计划

为防止材料使用高峰时，施工产地材料供应不足，特制订以下供应计划。

(1)工程开工前，根据工程施工进度和工程量，确定好各种材料的数量。

(2)材料采购采用多渠道提早联系，本工程需用的材料，必须使其符合本工程的质量要求。

(3)材料的选择应在质量有保证、信誉良好、供货及时的供应商间选择。

(4)对于大宗材料的选择，将积极听取业主、监理的意见。

(5)对工程质量有重大影响的物资，如钢筋，水泥，含新工艺、新产品的物资，施工企业将提前在项目部评价后报公司审批后采购。

(6)材料进场验证时如发现有不合格产品时，项目部立即拒绝，不接受使用。

(7)材料采购人员必须灵活机动，遵循特事特办的原则。

(8)材料采购人员必须责任性强，思想品德过硬。以今天的事今天办为原则，确保本工程及时供应材料。

(9)对于材料供应商的材料款施工企业将合理支付，调动供应商的积极性，确保材料供应的及时。

(10)掌握建筑市场动态，特别对钢筋、水泥等主要材料进行动态管理，防止材料短缺及价格猛涨，影响施工进度和成本。

（三）主要材料供应进度计划（见表5-46、表5-47）

表5-46　某职工家属区维修改造工程主要材料供应进度计划表

序号	材料名称	规格	单位	数量	计划需求时间	备注
1	商品混凝土	C30	m³	3875	2020年5月20日	
2	砂（净中砂）	—	m³	5 675.25	2020年5月5日	
3	碎石	20 mm	m³	6 001.2	2020年5月5日	
4	水泥	—	t	3 424.5	2020年5月5日	
5	钢筋	—	t	57.65	2020年5月5日	
6	混合砂浆	M7.5	m³	2610	2020年5月15日	
7	土	—	m³	11 967.23	2020年7月10日	
8	粉煤灰	—	m³	6 581.50	2020年7月10日	
9	钢管	—	m	3 541	2020年5月20日	
10	油漆	—	kg	1 125.25	2020年6月15日	
11	检查井模块	—	座	15 475	2020年7月15日	
12	荷兰砖	—	m²	11 987.23	2020年8月16日	
13	混凝土立缘石	—	m	987.3	2020年7月20日	
14	花岗岩路牙石	15 cm×35 cm×1 000 cm	m	7 532.61	2020年7月20日	
15	承插球墨排水铸铁管	DN100～300	m	5 778.23	2020年5月20日	
16	塑料管	dn90	m	27 542.23	2020年5月10日	
17	塑钢窗	单框双玻璃	m²	5 214.25	2020年5月20日	
18	光缆	—	m	75 421.23	2020年5月30日	
19	电源线	RVV-2×1.5 137	m	5 012.35	2020年5月30日	
20	双绞线缆	—	m	11 567.98	2020年5月30日	
21	内墙无机涂料	—	kg	19 857.52	2020年5月20日	
22	内墙涂料	—	kg	54 258.37	2020年5月20日	
23	腻子	—	kg	412 588.99	2020年5月10日	
24	标准砖	240 mm×115 mm×53 mm	块	85 754.65	2020年5月15日	
25	SBS改性沥青防水卷材	—	m²	740.50	2020年6月10日	

表 5－47　某职工家属区维修改造工程施工措施用料需求计划表

序号	材料名称	规格	单位	数量	计划需求时间	备注
1	电焊把线	35mm²	m	200	2020 年 4 月 21 日	
2	钢丝绳	1/2 吋	m	150	2020 年 4 月 25 日	
3	钢丝绳	3/8 吋	m	150	2020 年 4 月 25 日	
4	铁丝	8♯　12♯	kg	100	2020 年 4 月 25 日	
5	安全围挡	1.8 高	m	540	2020 年 4 月 22 日	
6	跳板	2000 mm×300 mm×20 mm	块	800	2020 年 5 月 10 日	
7	防雨布	—	m²	500	2020 年 5 月 30 日	
8	水龙带	DN100	m	400	2020 年 5 月 5 日	
9	钢管	Φ48.3×3.6	m	800	2020 年 4 月 22 日	
10	卡扣	—	个	8 500	2020 年 4 月 22 日	脚手架用料
11	安全带	—	副	120	2020 年 4 月 22 日	

(四)施工力量调遣计划

由于工程施工量较大、且施工工期较短，为了保证工程能保质保量完工。根据工程实际需求，当材料不能满足施工进度需求时，通过本标段各改造小区间材料协调并相互配合使用，保证不因材料产生窝工、误工。

八、机具配备计划(见表 5－48、表 5－49)

表 5－48　某职工家属区维修改造工程拟投入本工程的主要施工设备表

序号	设备名称	型号规格	数量	国别产地	制造年份	额定功率（kW）	生产能力	用于施工部位	备注
1	混凝土搅拌机	JZM500	3	中国	2019	6.25	良好	混凝土、砂浆	
2	钢筋调直机	GP12	2	中国	2018	3	良好	钢筋	
3	钢筋弯曲机	WJ40－16－40	2	中国	2018	3	良好	钢筋	
4	钢筋切断机	QJ40－1	2	中国	2019	3	良好	钢筋	
5	升降机	SC200	3	中国	2016	66	良好	住宅楼	
6	振捣器	H26X－50	5	中国	2018	3	良好	基础	
7	振捣棒	—	10	中国	2019	—	良好	基础	
8	电焊机	AS－300	6	中国	2018	12	良好	基础	
9	蛙式打夯机		8	中国	2019	3	良好	土方	
10	反铲挖掘机	WD450	3	日本	2018	—	良好	土方	

序号	设备名称	型号规格	数量	国别产地	制造年份	额定功率（kW）	生产能力	用于施工部位	备注
11	自卸汽车	15T	15	中国	2018	—	良好	土方	
12	木工圆盘锯	NJ525	2	中国	2019	3	良好	模板	
13	切割机	MD2200	6	中国	2019	0.55	良好	装饰	
14	吊篮	HYL5078 JGK(SN15B)	30	中国	2019	—	良好	外墙	
15	冲击电锤	2K-2U01-22	20	德国	2018	0.52	良好	拆除	
16	平面砂轮机	WS180	16	中国	2017	4.5	良好	拆除	
17	无气喷涂机	395	8	美国	2018	0.97	良好	装饰	
18	电焊机	金象	4	中国	2017	8	良好	焊接	
19	砂轮切割机	S182-125	6	中国	2017	2.2	良好	加工	
20	云石切割机	牧田355	6	中国	2018	700W	良好	铺装	
21	磨石机	SIMJ-100	6	中国	2018	1.2	良好	铺装	
22	手持磨石机	日立	6	中国	2017	240	良好	铺装	
23	电圆锯	5008B	5	中国	2018	—	良好	装修	
24	角磨机	9523NB	40	中国	2019	—	良好	装修	
25	电锤	TE-15	30	中国	2019	—	良好	装修	
26	电动螺丝钻	FD-788HV	50	德国	2018	—	良好	装修	
27	射钉枪	SDF-A301	40	中国	2019	—	良好	装修	
28	手提式电刨	1900B	20	中国	2018	—	良好	装修	
29	曲线锯	T101AD	5	中国	2019	—	良好	装修	
30	手工锯床	G-9802	40	中国	2018	—	良好	装修	
31	木工修边机	MX3040	10	中国	2018	—	良好	装修	
32	砂浆搅拌机	—	3	中国	2019	—	良好	装修	
33	手提石材切割机	410	35	中国	2019	—	良好	装修	
34	角磨机	952	35	中国	2018	—	良好	装修	
35	电动抛光机	SSD-93	15	中国	2019	—	良好	装修	
36	油漆搅拌机	JIZ-SD05	18	中国	2018	—	良好	涂料	
37	砂纸打磨机	—	35	中国	2018	—	良好	涂料	
38	喷枪	—	25	中国	2018	—	良好	涂料	
39	空气压缩机	PH-10-88	8	中国	2015	—	良好	涂料	
40	电焊机	BX6-120	8	中国	2014	—	良好	钢构件/植筋	

续表

序号	设备名称	型号规格	数量	国别产地	制造年份	额定功率（kW）	生产能力	用于施工部位	备注
41	氩弧焊机	YH6－100	4	中国	2016	—	良好	钢构件/植筋	
42	电动切割机	JIG－SDG－350	4	中国	2018	—	良好	钢构件/植筋	
43	手电钻	FDV	40	中国	2018	—	良好	钢构件/植筋	
44	冲击钻	PSB420	20	中国	2017	—	良好	钢构件/植筋	
45	汽车吊	25T	1	中国	2015	—	良好	材料卸车与钢构吊装	
		16T	1	中国	2017	—	良好	材料卸车与钢构吊装	
46	工程钻机	QJ150－1型	2	中国	2016	—	良好	降水	
47	泥浆泵	3PNL	12	中国	2018	—	良好	降水	
48	86泵	—	6	中国	2018	—	良好	降水	
49	潜水泵	QDX3－20－0.75	20	中国	2019	—	良好	降水	
50	小松挖掘机	PC220 115 kW	4	日本	2018	—	良好	挖沟槽	

表5-49 某职工家属区维修改造工程拟配备本工程的试验和检测仪器设备表

序号	仪器设备名称	型号规格	数量	产地	制造年份	已使用台时数	用途	备注
1	水准仪	DS20	2	—	2018	2	测量	
2	经纬仪	TDJ2E	2	天津光学仪器厂	2018	500	检查投测的控制点	
3	激光垂准仪	DZJ3	2	天津光学仪器厂	2019	500	检查投测的控制点	
4	激光扫平仪	SJ3	2	天津光学仪器厂	2019	100	轴线点传递	
5	铅垂仪	DZL3	2	天津光学仪器厂	2018	100	轴线点传递	

续表

序号	仪器设备名称	型号规格	数量	产地	制造年份	已使用台时数	用途	备注
6	钢尺	50 m	10	哈量具仪器厂	2019	20	标高传递及丈量轴线间距离	
7	钢卷尺	5.5 m	30	哈量具仪器厂	2018	50	标高传递及丈量轴线间距离	
8	游标卡尺	精度1/10	1	—	2019	30	检查	
9	塞尺	—	1	—	2018	50	检查	
10	靠尺	2M	1	—	2018	50	检查	
11	托线板	2M	1	—	2019	50	检查	
12	线坠	200G	3	—	2019	40	检查	
13	角尺	250mm	8	—	2018	200	检查	
14	水平尺	500MM	20	—	2019	50	检查	
15	千分尺	GB1216	1	天津光学仪器厂	2018	200	检查	
16	声级计（噪声仪）	TES1352A	1	北京光学仪器厂	2019	50	检查	
17	万用表	FLUK175	1	哈量具仪器厂	2018	150	检查	
18	接地电阻表	ZC-8	1	哈尔滨	2016	1240	检查	
19	兆欧表	ZC25B-3	1	天津光学仪器厂	2019	100	检查	
20	测湿仪	NSZ01	1	哈量具仪器厂	2019	150	检查	
21	电检测温仪	RAYST20	1	哈尔滨	2018	124	检查	
22	直方尺（钢）	35 mm	1	天津光学仪器厂	2019	100	检查	
23	检测镜	—	1	北京光学仪器厂	2018	50	检查	
24	5 M多功能磁力线坠	—	12	武汉	2018	112	质检	

　　工程施工需要一定的机械设备和运输车辆，其中大、中型机械设备和运输车辆更是施工主力。在以往施工时，常因某关键机械（设备、车辆）跟不上而严重影响施工，造成很大浪费。这种现象多为准备工作不充分或计划不落实所致。因此，施工企业根据现有装备的数量、质量情况和周密计划，分期分批地组织进场。需要维修、租赁和购置的，按计划落实，并要适当留有备份，以保证施工需要。

第五节　某净水厂增容扩建工程建设项目

一、工程概况

项目名称：某净水厂增容扩建工程建设项目二次；建设规模及主要建设内容：净水厂增容扩建日处理能力 4.5 万吨(具体以本项目工程量清单为准)。

计划工期：2022 年 3 月 28 日至 2022 年 12 月 31 日，共计 279 日历天。

招标范围：完成施工图纸及工程量清单范围内自项目实施、竣工验收、交付使用、至后期维保等包含的所有工作内容。

质量标准：符合现行国家、行业及地方工程施工质量验收标准以及相关专业验收规范的合格标准。

二、施工进度保证管理体系

(一)施工进度保证管理体系

为确保施工进度，分别建立施工进度管理体系和施工进度保证体系，如图 5-20、图 5-21 所示。

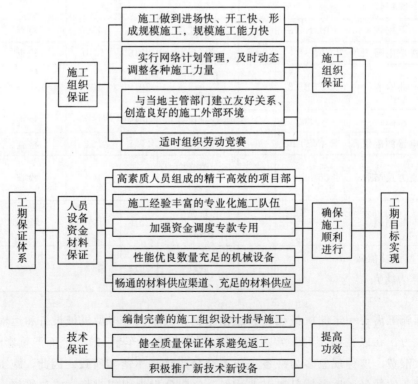

图 5-20　某净水厂增容扩建工程施工进度管理体系图

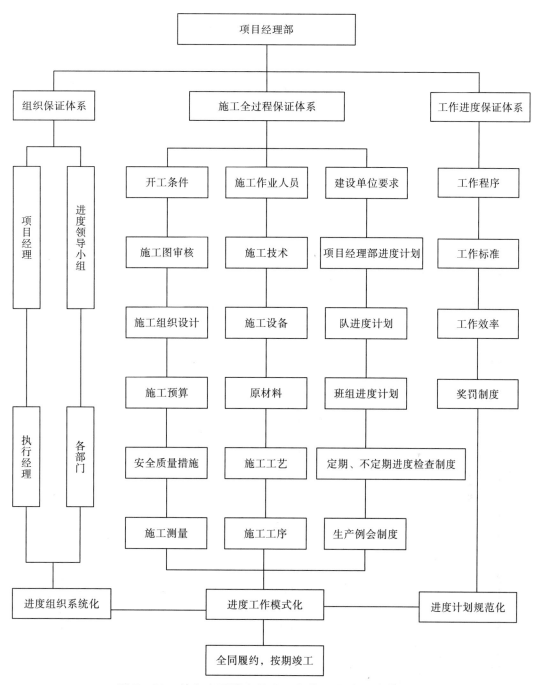

图 5-21 某净水厂增容扩建工程施工进度保障体系图

(二)施工总进度计划及主要工期节点

1.施工总进度计划

本项目招标计划工期为：2022 年 3 月 28 日至 2022 年 12 月 31 日，共计 279 日历
天。各阶段及各专业进度计划详见图 5-22。

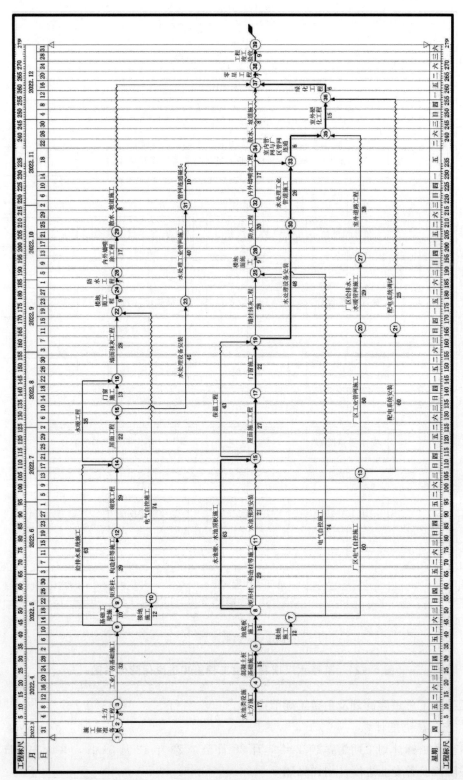

图5-22 某净水厂增容扩建施工工程施工总进度计划网络图

2. 施工里程碑的划分(见表 5-50)

表 5-50　某净水厂增容扩建工程施工里程碑划分表

序号	施工里程碑名称	计划开始时间	计划完成时间
1	净化间	2022 年 3 月 31 日	2022 年 11 月 1 日
2	清水池	2022 年 4 月 8 日	2022 年 11 月 14 日
3	送水泵房	2022 年 4 月 10 日	2022 年 11 月 26 日
4	预臭氧接触池	2022 年 4 月 12 日	2022 年 11 月 3 日
5	主臭氧接触池	2022 年 4 月 15 日	2022 年 11 月 7 日
6	次氯酸钠投加间	2022 年 7 月 17 日	2022 年 11 月 9 日
7	臭氧发生器	2022 年 8 月 20 日	2022 年 12 月 15 日
8	仓库	2022 年 3 月 31 日	2022 年 10 月 28 日
9	电气和自控工程	2022 年 5 月 1 日	2022 年 12 月 9 日
10	给排水采暖及工艺管道工程	2022 年 7 月 12 日	2022 年 10 月 9 日
11	室外道路工程	2022 年 10 月 9 日	2022 年 12 月 15 日
12	绿化工程	2022 年 12 月 8 日	2022 年 12 月 15 日

3. 主要节点工期(见表 5-51)

表 5-51　某净水厂增容扩建工程各阶段计划节点工期表

序号	分部名称	开始时间	完成时间
1	施工准备及场地平整	2022 年 3 月 28 日	2022 年 3 月 30 日
2	桩基工程(含试桩)	2022 年 3 月 31 日	2022 年 4 月 16 日
3	地下结构到达正负零	2022 年 4 月 7 日	2022 年 5 月 20 日
4	主体结构工程	2022 年 5 月 17 日	2022 年 7 月 16 日
5	屋面工程	2022 年 7 月 16 日	2022 年 8 月 14 日
6	给排水采暖及工艺管道工程	2022 年 7 月 12 日	2022 年 10 月 9 日
7	装修工程	2022 年 8 月 7 日	2022 年 12 月 15 日
8	室外道路工程	2022 年 10 月 9 日	2022 年 12 月 15 日
9	电气自控工程	2022 年 5 月 1 日	2022 年 12 月 9 日
10	绿化工程	2022 年 12 月 8 日	2022 年 12 月 15 日
11	竣工收尾	2022 年 12 月 15 日	2022 年 12 月 27 日
12	竣工验收	2022 年 12 月 28 日	2022 年 12 月 30 日

三、施工进度计划的保证措施

(一)抢工措施

1. 抢工组织管理

该工程列为重点工程，坚决贯彻企业计划管理以竣工投产为目标的总精神，以方案中的总进度为基础、计划为龙头，实行长计划、短安排，通过月、周、日计划的布置和实施，加强调度职能，维护计划的严肃性，实行按期完成竣工的目标。

(1)建立每周的协调例会制度，举行与建设单位、设计单位、施工企业联席办公会议，及时解决施工生产中出现的问题。

(2)实行项目法施工，强化施工管理，抓住主导工序，安排足够劳动力，组织三班作业。采用以"大滚动、小流水、动态管理"为基本特点的模式，建立预警系统，确保计划按里程碑要求准点实现。

(3)本工程的统筹管理，其基本特点是大滚动、小流水、动态管理，其基本要点是以总工期为目标、形象控制点为框架、分阶段计划为辅佐、小流水为补充，实行滚动管理，保证计划的连续性、均衡性和可实施性，通过对各个局部的控制来保证对总工期的有效控制，确保工期计划目标的实现。

2. 抢工组织措施

(1)认真贯彻执行施工组织设计，严格按总进度计划指导施工全过程，并精心组织好人力、机械设备、材料、资金等施工资源，妥善安排进场的劳动力及各个不同工种的比例，使各道工序施工进度大体平衡，顺利进行，同时工序搭接紧凑，避免人为造成窝工、停工现象。

(2)加强材料需求计划和资源需用计划的管理，随工程进度及时提出材料采购或加工计划及资源供应计划，与钢材、水泥、砂石、商品混凝土、砖等厂家签订按工期要求的供应合同，提前准备好各种物资，以保证不影响施工生产进度。

(3)坚持深入现场，跟班作业，发现问题及时处理，保质保量按期完成任务，现场办公采取对讲机等通信手段及时了解、掌握各工点的施工情况，及时解决施工中遇到的问题。

(4)对本工程项目部实行齐抓共管，制定奖罚制度，做到人人关心质量，人人关心工期，调动一切积极因素保证工期。项目部在施工过程中如遇到技术、人力、物力、财力等问题及时反馈，发挥公司优势，迅速动员、全力支持、满足需求。

(5)施工人员进场后，做好一切准备，抓住时机、掀起施工高潮，开展有利于施工生产的劳动竞赛活动，继续发扬项目部敢打硬仗、善打硬仗的传统和作风。

(6)实行施工计划交底制度，做到各级施工人员对各个分项工程的施工安排心中有数，以利各分项工程的施工。合理安排工序，科学管理，加快进度。

(7)合理利用时间空间，进行结构、装修、安装三者立体交叉作业。

(8)主导工序采用"三班"作业，配足设备及劳动力、节假日不放假。

(9)现场尽量做好充分的材料储备，所有机械配置备用机械，并配备多台汽车采购施工急需材料，有充分的架料串换能力。

(10)建立协调例会制度，举行业主、设计院、监理单位、施工企业联席办公会议，及时解决施工阶段出现的问题。

(11)采用切实可行的季节性施工措施，保证连续施工，确保项目进度和质量。

(12)在农忙期间，给所有上班工人发农忙费，这样能解决工人的后顾之忧，对工程的顺利进行具有很大的保证。

(13)加强与建设、设计、质监站等单位及公安、环卫、消防、街道、交通等政府部门的密切联系，主动、积极协调好关系，求得各单位的支持，以便工作的顺利开展。同时加强与业主、监理单位的信息交流，建立计算机内部局域网，保证业主、监理单位的信息能及时传达到项目部。了解与本单位有关的进度信息，当发现有关于对本单位的进度有影响的信息时，应及时向业主、监理单位报告，请业主、监理单位协调。

(14)设专人负责气象预报事宜，获取气象信息，由生产调度部门掌握近、中期气象情况，并及时通报项目部各施工作业班组，以尽量减少天气对施工的影响。

(二)确保工期的技术措施

(1)推广先进施工工艺、合理安排工序、科学管理、加快工程进度。配置足够的水平及垂直运输设备，加强运输能力。

(2)合理利用空间，进行结构、设备安装、装修三者立体交叉作业。合理区分和安排作业队伍和施工场地，充分利用本工程工作面，在每个工作面根据不同工程内容划分若干施工组，使得不同工种、不同施工工序在各工作面上平行展开，流水交叉作业。从而形成"流水生产、全面开花"大会战的壮观场面，有效缩短工程施工的整体工期。

(3)采用切实可行的季节性施工措施，保证连续施工，确保进度和质量。

(4)现场配置有线及无线通信系统，加强信息反馈。采用微机编制作业计划、统计、财务报表等各种管理资料。

(5)材料、设备、劳务保证。根据工期安排及准备工作计划进行上述三项筹备。模板及架料等周转材料一次性投入，按不周转使用进行备料，根据现场进度需要提前15天进场。工程材料提前落实货源，签订合同，支付定金；施工机械保证正常运转并增加备用机械设备满足施工生产能力要求；劳动力各阶段各工种应尽量保持均衡，施工各阶段劳动力按计划入场，保证工程施工需要。

(6)认真做好施工准备工作，各个相关专业众多项目内容施工技术方案均要提前制定，测量、试验及施工构件制作等技术保证工作要走在施工前列，不拖施工后退，不影响进度，以保证按计划及时进行施工作业。

(7)设立专职机修班，做好具体设备的维修和保养工作，每天定时保养，发现故障及时抢修，做到不带"病"作业，提高设备完好率。

(8)科学优化劳动组合,采用多种流水作业方式,切实搞好诸多专业工序衔接与前后连贯施工,提高效率。充分发挥职工的劳动积极性。同时发动职工提合理化建议,加快施工进度。

(9)实行三班作业制可有效保证机械使用率、更能加快施工进度。

(10)加强施工进度计划的严肃性,设备、材料供应部门依据计划做好施工物质材料的准备,检验部门按计划做好检验准备。设备、材料采购供应工作按进度需要安排供应计划,确保施工所用的设备、材料及半成品及时送到施工现场。

(11)制定严格的奖惩措施,对不能按时完成计划的人员、班组,要给予处罚,直至驱逐出场。对于能按时完成计划的人员和班组,要给予奖励,充分调动人员、班组的积极性。

(12)在风、雨季施工时编制详细具体的风、雨季施工方案,设材部门依据抢工方案做好风、雨季施工防雨物质材料的准备,购买彩条布和雨衣。风、雨季来临前,应组织风、雨季施工前安全检查,落实防风、雨措施,改善现场施工条件,保证施工顺利进行。

(13)加强施工现场的安全、文明施工管理,加强现场的安保,防止安全事故和偷盗事件的发生,是确保施工进度的有效措施之一。施工企业应严格按照业主及监理单位的要求进行现场管理,不断吸取其他单位的经验和教训,不断提高自己的管理水平。

(14)考核与奖惩措施。通过表彰先进、惩处落后,使参与本项目的管理和施工人员树立起全局意识,促进工作计划按时完成。项目将结合工程任务以每旬或每周为一个阶段,组织开展生产竞赛,奖励在竞赛中成绩突出的单位和个人。

四、合理安排施工进度计划

只有完善合理的进度计划才能使施工不脱节,不窝工,节约工期,减少浪费。所以建立完善的计划保证体系是掌握施工管理主动权、控制施工生产局面,保证工程进度的关键一环。

采用网络计划技术,科学地安排、精确地计算各工序的持续时间,控制住关键线路上的关键工作,合理穿插专业队伍和分包项目。

本项目的计划体系将以日、周、月、年和总控计划构成工期计划为主线,并由此派生出独立分包商招标计划和进场计划、技术保障计划、商务保障计划、物质供应计划、质量检验与控制计划、安全防护计划及后勤保障一系列计划,使进度计划管理形成层次分明、深入全面、贯彻始终的特色。

根据工程工期要求和阶段目标要求采用分段施工和小流水施工。节拍均衡流水施工方式是一种科学的施工组织方法,其思路是使用各种先进的施工技术和施工工艺,压缩或调整各施工工序在一个流水段上的持续时间,实现节拍的均衡流水,在实际施工中,施工企业将根据各阶段施工内容、工程量及季节的不同,采用增加资源投入,加强协调管理等措施满足流水节拍均衡的需要。

五、劳动力安排计划(见表 5 - 52)

表 5－52　某净水厂增容扩建工程本工程拟投入劳动力计划表

工种	按工程施工阶段投入劳动力情况									
	3 月	4 月	5 月	6 月	7 月	8 月	9 月	10 月	11 月	12 月
测量工	5	8	6	6	6	6	6	6	4	4
桩基工	5	15	—	—	—	—	—	—	—	—
土方工人	10	—	—	—	—	—	—	—	—	—
挖机工	3	—	1	—	—	—	1	1	—	—
铲车工	2	1	1	—	1	1	1	1	—	—
临水临电工	15	15	8	2	2	2	2	2	1	1
普工	25	15	20	25	25	25	15	15	10	10
防水工	—	—	10	—	15	15	—	—	2	2
钢筋工	10	15	35	35	20	20	—	—	3	3
木工	5	5	30	30	20	20	—	—	3	3
混凝土工	6	10	15	15	10	10	—	—	2	2
瓦工	4	—	10	30	20	20	10	10	4	4
架子工	5	5	10	15	10	10	10	10	2	2
塔吊司机	6	6	6	6	6	6	—	—	—	—
塔吊指挥	1	1	1	1	1	1	—	—	—	—
抹灰工	—	—	—	—	25	25	15	15	3	3
腻子工	—	—	—	—	30	30	30	30	3	3
镶贴工	—	—	—	—	10	10	8	8	2	2
电焊工	2	3	3	3	3	3	4	4	1	1
机电安装工	—	—	10	15	30	30	35	35	5	5

六、主要施工机械及主要物资计划

1. 工程主要材料进场计划

施工企业根据招标文件及工程量清单,对工程所有主材进行了重新梳理,提前进行咨询采购,确保材料分批进场。

2. 工程主要材料配备计划(见表 5－53)

表 5－53　某净水厂增容扩建工程拟投入主要材料投入计划表

序号	材料名称	规格型号	单位	数量	进场时间
1	CP柜	W600mm×D600mm×H2200mm	个	5	开工后进场
2	HDPE实壁管	D225	m	252	开工后进场
3	PE配水配气横管	B×H＝161mm×185mm	m	1 421	开工后进场
4	SBS改性沥青防水卷材	—	m²	18 513	开工后进场
5	板枋材	—	m³	303	开工后进场
6	半硬质塑料管	FPC16	m	246	开工后进场
7	不锈钢板	δ4～8	kg	6 883	开工后进场
8	不锈钢管304	D530×9	m	26	开工后进场
9	不锈钢管316Ti	D630×9 PN1.6 MPa	m	20	开工后进场
10	不锈钢空气过滤器	DN8 PN1.0 MPa	台	134	开工后进场
11	厂拌多合土	—	m³	9 960	开工后进场
12	成品保温防盗门	—	m²	127	开工后进场
13	沥青混凝土	AC－25C	m³	234	开工后进场
14	单框三玻平开塑钢窗	—	m²	892	开工后进场
15	地砖	600 mm×600 mm	m²	10 322	开工后进场
16	电力电缆	YJV22－4×300＋1×150	m	626	开工后进场
17	电力电缆	YJV22－4×185＋1×95	m	323	开工后进场
18	电力电缆	YJV22－4×70＋1×35	m	343	开工后进场
19	对拉螺栓		kg	16 251	开工后进场
20	二段ABS波形板	波高100，波长500，缩颈40，扩颈240 mm	m³	111	开工后进场
21	粉煤灰	—	m³	520	开工后进场
22	粉状型建筑胶粘剂	—	kg	33 429	开工后进场
23	复合模板	—	m²	14 402	开工后进场
24	干混砂浆	DS M20	m³	219	开工后进场
25	干混砂浆	DP M10	m³	161	开工后进场
26	干混砂浆	DM M10	m³	135	开工后进场
27	钢筋	HRB400Φ16	t	444	开工后进场
28	钢筋	HRB400Φ20	t	355	开工后进场
29	钢筋	HRB400Φ18	t	330	开工后进场
30	钢筋	HRB400Φ14	t	234	开工后进场
31	钢筋	HRB400Φ22	t	168	开工后进场

续表

序号	材料名称	规格型号	单位	数量	进场时间
32	钢筋	HRB400Φ10 以内	t	152	开工后进场
33	钢筋	HRB400Φ12	t	157	开工后进场
34	钢筋	HRB400≥Φ25	t	145	开工后进场
35	钢筋	HRB400Φ10	t	62	开工后进场
36	钢筋	HPB300Φ10	t	51	开工后进场
37	钢筋	HRB400Φ8	t	17	开工后进场
38	钢筋笼	—	t	46	开工后进场
39	钢屋架	—	t	33	开工后进场
40	钢支撑	—	t	26	开工后进场
41	钢支撑及配件	—	kg	20 692	开工后进场
42	钢制卷帘门	—	m²	76	开工后进场
43	拱板中的材料费	—	m²	5 760	开工后进场
44	刮泥机	N=1.1 kW 池宽 8.1 m，刮泥长度 10.7 m	台	4	开工后进场
45	光纤	单模四芯铠装光缆 波长 1 550 nm	米	8 000	开工后进场
46	焊接钢管	D325×8	m	204	开工后进场
47	混凝土小型空心砌块	MU20	m³	1130	开工后进场
48	检查井中的材料费	—	座	48	开工后进场
49	聚氨酯甲乙料	—	kg	12 641	开工后进场
50	聚苯板	—	m³	315	开工后进场
51	聚合物改性沥青防水涂料	—	kg	22 086	开工后进场
52	聚合物胶结料	—	kg	58 207	开工后进场
53	聚合物抗裂砂浆	—	kg	80 877	开工后进场
54	控制电缆	KVVP4×1.5	m	6 666	开工后进场
55	螺旋焊钢管	D820×9	m	471	开工后进场
56	螺旋焊钢管	D630×9	m	100	开工后进场
57	螺旋焊钢管	D720×9	m	79	开工后进场
58	螺旋焊钢管	D530×9	m	120	开工后进场
59	铝格栅（含配件）	—	m²	4 504	开工后进场
60	铝合金扣板	—	m²	3 374	开工后进场
61	面砖	95 mm×95 mm	m²	7 186	开工后进场
62	木支撑	—	m³	63	开工后进场

续表

序号	材料名称	规格型号	单位	数量	进场时间
63	排风轴流风机	Q＝8 850 m/h³ H＝152 Pa	台	18	开工后进场
64	排风轴流风机	Q＝4 803 m/h³ H＝172 Pa	台	23	开工后进场
65	热浸锌钢格板		m²	448	开工后进场
66	三段 ABS 波形板	波高 100，波长 500，缩颈 60，扩颈 260 mm	m³	192	开工后进场
67	砂砾	5～80 mm	m³	2 029	开工后进场
68	砂子	—	m³	2 800	开工后进场
69	石质缘石	15 cm×30 cm×49 cm	m	1 415	开工后进场
70	水泥	32.5 MPa	kg	575 384	开工后进场
71	水泥基渗透结晶防水涂料	—	kg	5 795	开工后进场
72	水泥砂浆	1：3	m³	493	开工后进场
73	塑料给水管	PE 排水管 DN300	m	412	开工后进场
74	塑料管	聚乙烯 PE 排水管 De1000	m	98	开工后进场
75	塑料管	聚乙烯 PE 排水管 De500	m	280	开工后进场
76	塑料管	聚乙烯 PE 排水管 De800	m	62	开工后进场
77	塑料管	聚乙烯 PE 排水管 De400	m	330	开工后进场
78	塑料排水管	PE 排水管 DN500	m	105	开工后进场
79	碎石	25～40 mm	m³	1 175	开工后进场
80	碳钢管	D426×9	m	111	开工后进场
81	斜管	乙丙共聚蜂窝 ϕ＝30 L＝1000 mm 60°	m²	456	开工后进场
82	型钢	—	t	22	开工后进场
83	蓄电池	Li 电池，转换时间＜0.2 s，持续时间≥90 min	个	102	开工后进场
84	压力变送器	—	支	40	开工后进场
85	压铸铝双金属散热器	UR7005－500 174W/片	片	5 631	开工后进场
86	压铸铝双金属散热器	UR7006－600 164.9W/片	片	1 581	开工后进场
87	一段 ABS 波形板	波高 100，波长 500，缩颈 30，扩颈 230 mm	m³	52	开工后进场
88	艺术造型天棚轻钢龙骨	—	m²	1 505	开工后进场
89	预拌混凝土	C30 F200 P8	m³	8 100	开工后进场
90	预拌混凝土	C30	m³	2 042	开工后进场
91	预拌混凝土	C30 P8	m³	1 523	开工后进场

续表

序号	材料名称	规格型号	单位	数量	进场时间
92	预拌混凝土	C30 F200	m³	1 287	开工后进场
93	预拌混凝土	C30 F200	m³	685	开工后进场
94	预拌混凝土	C20 素混凝土	m³	473	开工后进场
95	预拌混凝土	C15	m³	730	开工后进场
96	预拌混凝土	C30 F200	m³	329	开工后进场
97	预拌混凝土	C15 F200	m³	338	开工后进场
98	预制钢筋混凝土管桩	15 m 直径 400	m	9 332	开工后进场
99	预制钢筋混凝土管桩	9 m 直径 400	m	4 818	开工后进场
100	预制钢筋混凝土管桩	12 m 直径 400	m	388	开工后进场
101	闸阀	DN25	个	211	开工后进场
102	直埋式预制保温管	DN200	m	263	开工后进场
103	中厚钢板	—	t	31	开工后进场
104	中间固定架	WG-2	个	1 006	开工后进场
105	中粒式沥青混凝土	AC-16C	m³	167	开工后进场

七、主要施工机械、设备计划

施工设备投入计划(见表 5-54)。

表 5-54 某净水厂增容扩建工程拟投入主要施工设备表

序号	仪器设备名称	规格型号	数量	产地	制造年份	额定功率(kW)	生产能力	用于施工部位	备注
1	塔式起重机	QTZ63	3 台	—	2019	35	良好	主体	
2	汽车吊	50T	1 台	安徽	2018	247	良好	材料运输	
3	挖掘机	PC200	3 台	—	2017	300	良好	土方	
4	小微型无尾液压挖掘机	SY55U	1 台	—	2017	31.2	良好	土方回填	
5	轮式装载机	SYL956H	1 台	—	2017	164	良好	土方	
6	陕汽重卡渣土车	德龙新 15 m³	6 辆	—	2017	350	良好	土方开挖	
7	泥浆泵	F1000	5 个	安徽	2017	37	良好	基础	
8	吊篮	—	10 个	安徽	2018	—	良好	装饰装修	
9	蛙式打夯机	—	3 台	—	2015	—	良好	土方回填	

序号	仪器设备名称	规格型号	数量	产地	制造年份	额定功率(kW)	生产能力	用于施工部位	备注
10	混凝土汽车泵	HBT60（56 m臂长）	1台	上海	2014	—	良好	主体	
11	车载泵	SY5133THB-9018C-6D	1台	上海	2015	—	良好	主体	
12	混凝土搅拌运输车	12 m³/16 m³	10辆	湖北	2015	—	良好	主体	
13	泵管	Φ125A	160 m	上海	2017	—	良好	主体	
14	钢筋调直机	GJ4-4/14	1台	上海	2017	7.5	良好	主体	
15	钢筋切断机	GQ40-B	1台	安徽	2016	7	良好	主体	
16	钢筋弯曲机	GTJB7-40	1台	上海	2016	3	良好	主体	
17	直螺纹剥丝机	GYZL-40	1台	上海	2017	3	良好	主体	
18	圆盘锯	MJ105	1台	济南	2016	4	良好	主体	
19	平板振动器	W-50	1台	南京	2017	0.5	良好	主体	
20	插入式振动器	HZ-50	5台	安徽	2016	2.5	良好	主体	
21	交流电焊机	BX-300	1台	上海	2017	22 kV·A	良好	主体、安装	
22	直流电焊机	ZX5-400-1	1台	安徽	2016	24 kV·A	良好	主体、安装	
23	潜水泵	150-QJ20	3台	南京	2017	3	良好	基坑降排水	
24	高压泵	3BA/P.32.6	1台	安徽	2017	10	正常	消防施工供水	
25	自吸泵	50ZX12.5-50PB	2台	安徽	2017	2.5	良好	基坑降排水	
26	电锤	GBH5-38D	2台	南京	2017	0.8	良好	主体	
27	台钻	SLX13-ZQ	2台	南京	2017	1.5	良好	主体	
28	气焊	—	2台	南京	2016	—	良好	主体	
29	手电钻	2X705	2台	浙江	2016	0.75	良好	主体	
30	角向磨光机	Φ100	1台	安徽	2017	0.65	良好	主体、装饰	
31	砂轮切割机	Φ400	2台	安徽	2017	1.5	良好	主体、装饰	
32	空压机	YC6108G	1台	宁波	2016	12	良好	装饰	
33	金属切割机	沪产，16	1台	安徽	2017	0.5	正常	安装	
34	柴油发电机	120 kW	1台	宁波	2015	315	良好	备用	
35	柴油发电机	200 kW	1台	宁波	2015	315	良好	备用	
36	弯管机	SYM-100	1台	安徽	2016	2	正常	安装	
37	旋挖钻	DX1-250A	2台	安徽	2015	0.33	良好	安装	
38	电动套丝机	15-100	1台	安徽	2016	1	良好	安装	
39	角向砂轮机	JB1193-71	1台	安徽	2016	0.5	良好	安装	

第六节　某中学新建项目工程施工(一标段)

一、工程概况(见表 5-55)

表 5-55　某中学新建项目工程概况表

序号	项目	内容
1	工程名称	某中学新建项目工程施工(一标段)
2	质量目标	符合现行国家、行业及地方工程施工质量验收标准以及相关专业验收规范的合格标准
3	工期目标	计划工期：674 日历天 计划开工日期：2020 年 10 月 26 日 计划竣工日期：2022 年 8 月 30 日
4	项目概况	一标段：主教学楼、地下车库、宿舍楼

二、施工部署

(一)重点节点计划安排

(1)及时做好施工前期业主提供的有关水准点，坐标轴线控制点的复核、验收接受及保护工作，并做好有关方面资料的收集整理归档，为下道工序的施工提供可靠的技术保证。

(2)工程施工前，由项目经理组织召集，项目工程师组织项目部全体技术管理人员认真学习阅读图纸，了解设计意图和关键部位的质量要求和施工措施，并认真参加设计图纸交底，以及施工组织设计的会稿、编制工作，执订保证分期工程质量措施，落实质量交底的制度。

(3)现场项目部根据项目质量保证计划的要求，制订一个更具体的质量控制体系，明确每道工序的事前交底，中间验收及最后验收环节的要求，严格执行质量三级验收制度，尽早发现问题及时整改，防患于未然，确保工程中每个分项直至每个工序环节的施工质量，保证最终的工程质量目标。

(4)为确保实现创优工程目标，结构、装饰、安装等各专业工程队伍的先于项目部管理人员的配备方面，也必须配备多年现场工作经验的管理人员进行现场质量管理，施工过程中加强过程工序控制，从队伍素质及管理水平方面，确保创优目标的实现。

(5)施工现场加强管理工作，现场各级管理人员都必须岗位明确，从管理体制上保证工程的施工质量。

(6)工程施工过程中，必须加强计量工作和工程施工资料的整理归档工作，在抓好工程硬件的同时，必须抓好软件的管理工作，从而保证施工质量。

(二)里程碑计划

1. 技术与工艺保障

(1)编制有针对性的施工组织设计、施工方案和技术交底。"方案先行，样板引路"是施工企业管理的特色，本工程将按照方案编制计划，制定详细的、有针对性和可操作性的施工方案，从而实现在管理层和操作层对施工工艺、质量标准的熟悉和掌握，使工程施工有条不紊地按期保质保量完工。施工方案覆盖要全面，内容要详细，配以图表，图文并茂，做到生动、形象，调动操作层学习施工方案的积极性。

(2)采用小流水施工的项目根据工程工期要求和阶段目标要求，根据总控、计划安排，按两个区段采用小流水施工方式进行组织施工。节拍均衡流水施工方式是一种科学的施工组织方法，其思路是使用各种先进的施工技术和施工工艺，压缩或调整各施工工序在一个流水段上的持续时间，实现节拍的均衡流水，在实际施工中，施工企业将根据各阶段施工内容、工程量及季节的不同，采用增加资源投入，加强协调管理等措施满足流水节拍均衡的需要。

(3)广泛采用新工艺、新材料、新技术、新机具和先进的施工工艺、材料和技术是进度计划成功的保证。投标人针对工程特点和难点采用先进的施工技术和材料，提高施工进度，缩短施工工期，保证各阶段工期目标和总体施工目标。

2. 选择信誉好、素质高的劳务施工队伍

施工队伍的素质高低是影响施工进度和质量的关键因素，施工企业要选择具有丰富施工和管理经验的创造良好信誉的施工队伍进行工程施工。同时施工企业有一套对劳务施工队伍完整的管理考核办法，对施工队伍进行质量、工期、信誉和服务等方面的考核，从根本上保证项目所需要的劳动者的个人素质，确保工程能保质保量地按期完工，从而为工程质量目标奠定了坚实的基础，实现对业主的承诺。

3. 对工期计划管理和控制

(1)要求各专业根据合同工期，按照工程总体进度计划编制专业施工总进度计划、月、周进度计划呈送施工企业，并确定上报日期。

(2)各专业总进度计划、月进度计划应包括与之相应的配套计划，包括设计进度计划、设备材料供应计划、劳动力计划、机械设备使用和投入计划、施工条件落实计划、技术准备工作计划、质量检验控制计划、安全消防控制计划、工程款资金计划等配套计划以及施工工序。

(3)周计划包含施工生产进度计划、劳动力计划、机械设备使用和投入计划、设备材料进场计划和施工条件落实计划等关键配套计划及上周计划完成情况及分析。

(4)日计划包括当天工程施工完成情况及分析，第二天计划安排，存在的主要问题和所需的主要施工条件、现场资源和机械设备、当天材料进场安排等。

(5)计划落实与实施，通过项目经理部的统一计划协调和每月、每周、每日的施工生产计划协调会，对计划进行组织、安排、检查、敦促和落实。按照合同要求，明确责任和责任单位(或责任人)、明确内容和任务、明确完成时间，确立计划的调整程序。

（三）施工计划网络图及横道图（见图5-23~图5-28）

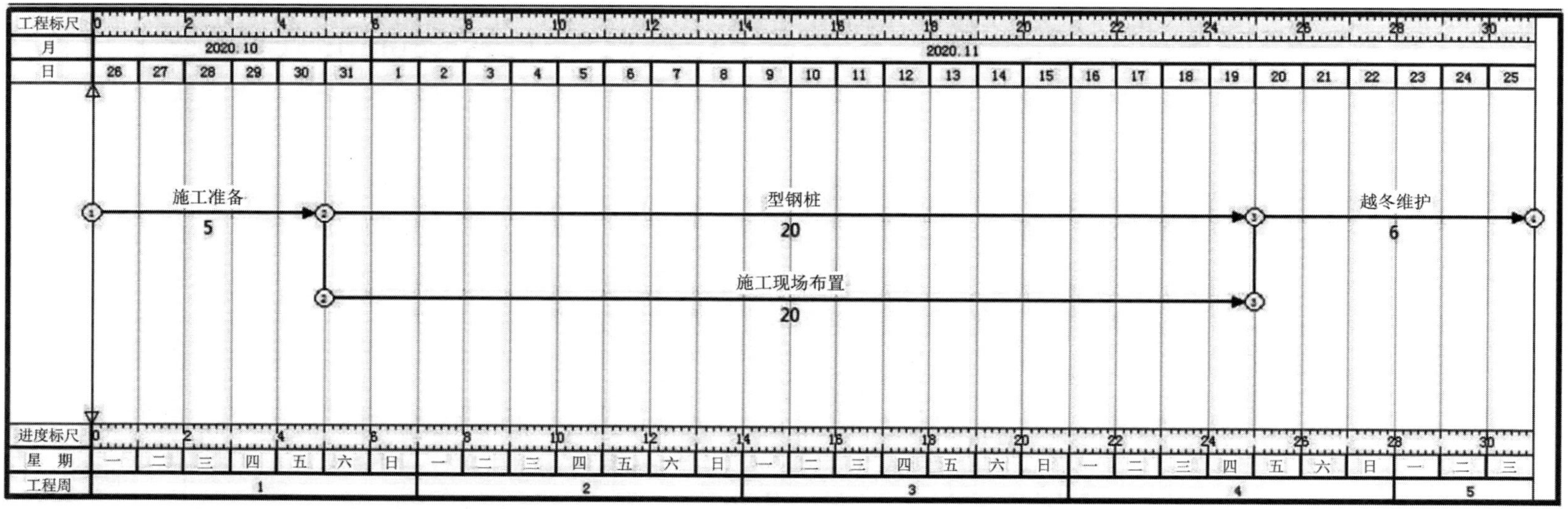

图5-23 2020年度某中学新建项目工程施工计划网络图

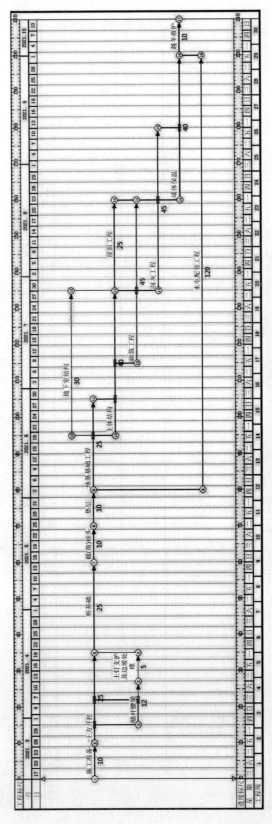

图5-24 2021年度某中学新建项目工程施工进度计划网络图

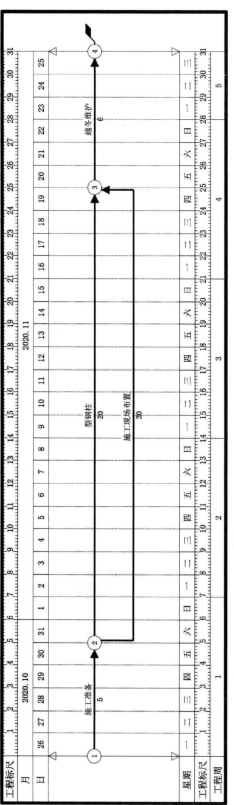

图5-25　2022年度某中学新建项目工程施工进度计划网络图

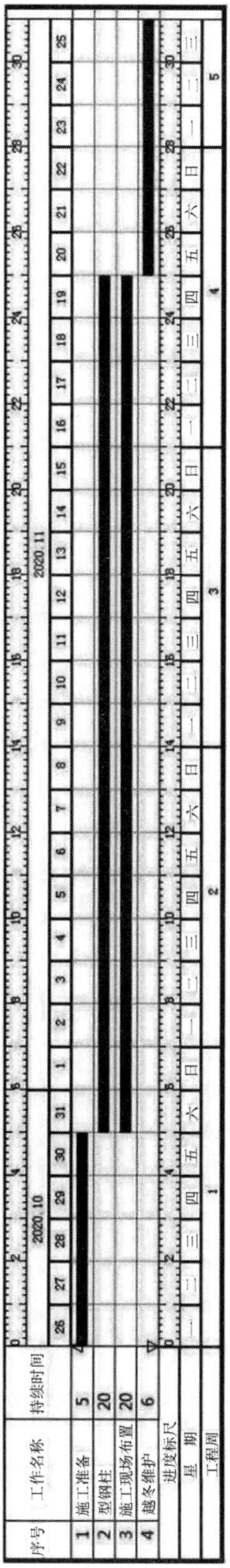

图5-26　2020年度某中学新建项目工程施工进度计划横道图

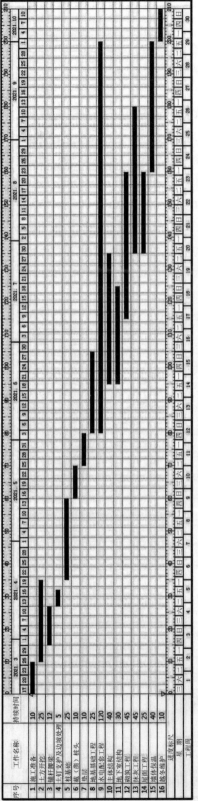

图5-27 2021年度某中学新建项目工程施工进度计划横道图

序号	工作名称	持续时间
1	施工准备	10
2	土方开挖	25
3	锚杆围檩梁	12
4	土钉支护及边坡处理	5
5	桩基础	25
6	锚（指）桩头	10
7	垫层	10
8	地下基础工程	25
9	火电站接工程	120
10	主体结构	40
11	地下室结构	30
12	砌筑工程	45
13	抹灰工程	45
14	屋面工程	25
15	墙体保温	40
16	地名维护	10

图5-28 2022年度某中学新建项目工程施工进度计划横道图

序号	工作名称	持续时间
1	施工准备	10
2	门窗安装	45
3	室内地面	50
4	水电配套工程	120
5	室内装饰	90
6	室外装饰	15
7	收尾验收	7

三、施工进度管理

本工程安排的施工工期短，部分工程受季节性和日潮水影响较大，施工企业应在施工进度布置上有步骤、有目的地进行，科学地安排进度计划，合理调配劳动力，在分项工程施工中互不干扰。按照以上施工安排，科学调配劳动力，层层把关，确保施工质量，避免返工和窝工，按期全面竣工。

为了确保项目目标的实现，将本工程列为重点项目，由富有经验的同志为项目经理，深入现场检查工作。各职能部门作为首要任务全力协助项目部搞好各项目标实施的保障工作，为确保工期进度计划能够实施。

四、劳动力计划(见表 5 - 56)

表 5 - 56 某中学新建项目工程劳动力计划表

单位：人

工种	级别	按工程施工阶段投入劳动力情况					
		基础	主体	装饰	屋面	室外	备注
力工	中级	60	80	80	60	30	
瓦工	中级	60	60	—	—	15	
木工	中级	40	80	—	—	5	
混凝土工	中级	20	40	20	20	20	
钢筋工	中级	60	60	20	20	10	
抹灰工	中级	20	—	180	—	—	
机械工	中级	20	20	20	20	20	
架子工	中级	20	30	30	20	10	
电工班组	中级	15	20	40	—	20	
水暖班组	中级	15	20	40	—	20	
油工	中级	—	—	100	—	20	
电焊工	中级	10	30	20	10	20	
防水工	中级	20	—	20	50	—	
筑路工	中级	—	—	—	—	30	
管道工	中级	—	—	—	—	30	
园丁	中级	—	—	—	—	20	

五、编制材料供应计划

(一)材料使用供应计划

材料进场把握的主要原则为：以工程施工总体计划为基础，按需提前备料；备料既要满足工程需要，又不造成严重浪费；材料进场都经过检验合格后才能使用。

施工过程中材料进场安排根据工程施工总体进度要求，以及施工现场实际施工进度要求，根据施工图纸及各项指标，计算出各构筑物和各部位所需材料情况，而后编制各种材料的需用量以及进场时间。

材料进场使用前的检验：材料进场都需厂家提供合格证，并由试验室对其抽检。对于一般地材，试验室要进行抽样检验，合格后才能使用。

材料的运输、堆放：按各种材料不同的使用功能和其自身性能的要求分类集中堆放。

（二）拟投入本标段的主要施工设备、试验和检测仪器设备（见表5-57、表5-58）

表5-57 某中学新建项目工程拟投入本标段的主要施工设备表

序号	设备名称	型号规格	数量	国别产地	制造年份	额定功率（kW）	生产能力	备注
1	塔吊	QZT63	4	中国	2019	37	良好	开工后陆续进场
2	桩基	D62	4	中国	2019	55	良好	开工后陆续进场
3	升降机	SC200	4	中国	2018	66	良好	开工后陆续进场
4	砼搅拌机	JZM500	6	中国	2018	6.25	良好	开工后陆续进场
5	钢筋调直机	GP12	3	中国	2018	3	良好	开工后陆续进场
6	钢筋弯曲机	WJ40-16-40	2	中国	2019	3	良好	开工后陆续进场
7	钢筋切断机	QJ40-1	2	中国	2019	3	良好	开工后陆续进场
8	套丝机	GHB-40	5	中国	2018	4	良好	开工后陆续进场
9	振捣器	H26X-50	10	中国	2018	3	良好	开工后陆续进场
10	振捣棒	——	20	中国	2019	——	良好	开工后陆续进场
11	电焊机	AS-300	20	中国	2019	12	良好	开工后陆续进场
12	蛙式打夯机	——	5	中国	2018	3	良好	开工后陆续进场
13	反铲挖掘机	WD450	6	日本	2018	——	良好	开工后陆续进场
14	自卸汽车	15T	20	中国	2019	——	良好	开工后陆续进场
15	木工园盘锯	NJ525	5	中国	2019	3	良好	开工后陆续进场
16	消防水泵	DAT-80×6	5	中国	2018	3.5	良好	开工后陆续进场
17	发电机组	KH-300GF	6	中国	2018	12	良好	开工后陆续进场
18	切割机	MD2200	10	中国	2019	0.55	良好	开工后陆续进场
19	冲击电锤	2K-2U01-22	10	德国	2019	0.52	良好	开工后陆续进场
20	平面砂轮机	WS180	10	中国	2018	4.5	良好	开工后陆续进场
21	无气喷涂机	395	10	美国	2019	0.97	良好	开工后陆续进场
22	路面切割机	S182-125	10	中国	2017	2.2	良好	开工后陆续进场
23	光轮压路机	6 t	3	中国	2018	60	良好	开工后陆续进场
24	光轮压路机	8 t	2	中国	2018	60	良好	开工后陆续进场
25	振动压路机	15 t	2	中国	2018	65	良好	开工后陆续进场
26	平地机	90 kW	5	中国	2017	90	良好	开工后陆续进场
27	电动夯实机	20~62 kg·m	20	中国	2018	50	良好	开工后陆续进场

表5-58 某中学新建项目工程拟配备本标段的试验和检测仪器设备表

序号	仪器设备名称	型号规格	数量	产地	制造年份	已使台时数	用途	备注
1	全站仪	GTS-710A	2	天津	2018	122	定位测量	开工后陆续进场
2	水准仪	DS20	3	—	2016	2	测量	开工后陆续进场
3	经纬仪	TDJ2E	3	天津光学仪器厂	2017	500	检查投测的控制点	开工后陆续进场
4	激光垂准仪	DZJ3	3	天津光学仪器厂	2017	500	检查投测的控制点	开工后陆续进场
5	激光扫平仪	SJ3	3	天津光学仪器厂	2016	1 000	轴线点传递	开工后陆续进场
6	铅垂仪	DZL3	3	天津光学仪器厂	2016	1 000	轴线点传递	开工后陆续进场
7	钢尺	50 m	5	哈量具仪器厂	2017	1 500	标高传递及丈量轴线间距离	开工后陆续进场
8	钢卷尺	5.5 m	10	哈量具仪器厂	2017	1 500	标高传递及丈量轴线间距离	开工后陆续进场
9	游标卡尺	精度1/10	4	—	2016	30	检查	开工后陆续进场
10	塞尺	—	4	—	2016	50	检查	开工后陆续进场
11	靠尺	2M	4	—	2016	50	检查	开工后陆续进场
12	托线板	2M	4	—	2016	50	检查	开工后陆续进场
13	线坠	200G	4	—	2016	40	检查	开工后陆续进场
14	角尺	250 mm	4	—	2016	200	检查	开工后陆续进场
15	水平管	25 m	4	—	2016	50	标高传递	开工后陆续进场
16	水平尺	500 mm	4	—	2016	50	检查	开工后陆续进场
17	千分尺	GB1216	4	天津光学仪器厂	2016	1 000	检查	开工后陆续进场
18	声级计（噪声仪）	TES1352A	4	北京光学仪器厂	2016	500	检查	开工后陆续进场
19	万用表	FLUK175	4	哈量具仪器厂	2017	1 500	检查	开工后陆续进场
20	接地电阻表	ZC-8	4	哈尔滨	2016	12 400	检查	开工后陆续进场
21	兆欧表	ZC25B-3	4	天津光学仪器厂	2016	1000	检查	开工后陆续进场

序号	仪器设备名称	型号规格	数量	产地	制造年份	已使台时数	用途	备注
22	测湿仪	NSZ01	4	哈量具仪器厂	2016	1 500	检查	开工后陆续进场
23	电检测温仪	RAYST20	4	哈尔滨	2016	12 400	检查	开工后陆续进场
24	直方尺（钢）	35 mm	4	天津光学仪器厂	2016	1 000	检查	开工后陆续进场

参考文献

[1]中华人民共和国国家标准.建筑施工组织设计规范(GB/T 50502—2009)[S].北京：中国建筑工业出版社，2009.

[2]建筑施工手册第五版编委会.建筑施工手册[M].5版.北京：中国建筑工业出版社，2013.

[3]杨太华.建设项目绿色施工组织设计[M].南京：东南大学出版社，2021.

[4]钟旭，薛静.基于进度控制方法的输变电工程前期管理优化研究[J].工业工程与管理，2022，27(4)：134-141.

[5]王飞，刘金飞，尹习双，等.高拱坝智能进度仿真理论与关键技术[J].清华大学学报(自然科学版)，2021，61(7)：756-767.

[6]中华人民共和国行业标准.工程网络计划技术规程(JGJ/T 121—2015)[S].北京：中国建筑工业出版社，2015.

[7](美)项目管理协会，骆庆中.进度管理实践标准[M].2版.北京：电子工业出版社，2016.

[8]NARBAEV Timur，HAZıR Öncü，AGI Maher. A Review of the Use of Game Theory in Project Management[J]. Journal of Management in Engineering Volume 38，Issue 6. 2022.

[9]雷振.制度性差异对国际工程项目实施的影响机理[D].北京：清华大学，2018.

[10]李江.港珠澳大桥主体工程施工进度控制手段与实施[J].公路，2020，65(3)：228-231.

[11]李思康，李宁，冯亚娟.BIM施工组织设计[M].北京：化学工业出版社，2018.

[12]AYMAN Hassan Mohamed，MAHFOUZ Sameh Youssef，ALHADY Ahmed. Integrated EDM and 4D BIM-Based Decision Support System for Construction Projects Control[J]. Buildings Volume 12，Issue 3. 2022. PP. 315-315.

[13]薛维锐.面向协同施工的工程项目进度管理研究[D].哈尔滨：哈尔滨工业大学，2015.

[14]EWA Marchwicka. A technique for supporting decision process of global software project monitoring and rescheduling based on risk analysis[J]. Journal of Decision Systems Volume 29，Issue sup1，2020：1-15.

[15]MARNEWICK Carl，MARNEWICK Annlizé L. Digitalization of project management：Opportunities in research and practice [J]. Project Leadership and Society Volume 3，2022.